马铃薯脱毒苗

脱毒苗无土
栽培生长状

试管薯

微型薯

微型薯田间结薯状

原原种繁育网棚

2

马铃薯玉米套种前期

马铃薯玉米套种中期

套种马铃薯收
获时的情况

马铃薯枣树套种

二季作生产大田

大型喷灌设施在马铃薯生产中应用

4

农作物种植技术管理丛书

怎样提高马铃薯种植效益

编著者

庞淑敏　蒙美莲

方贯娜　杨永霞　申爱民

金盾出版社

内 容 提 要

本书由河南省郑州市蔬菜研究所庞淑敏副研究员等编著,内容包括我国马铃薯生产概况及发展趋势、马铃薯优良品种、脱毒马铃薯的繁育与应用、马铃薯栽培技术、马铃薯主要病虫害及防治技术、马铃薯的贮藏保鲜、马铃薯种植效益分析和市场经营策略等7章。本书综合介绍了国内外马铃薯种植的先进经验和存在问题,并提出了解决问题的方法,理论与实践结合,文字通俗易懂,技术措施实用,适合广大马铃薯种植户学习应用,亦可供农业院校相关专业师生阅读参考。

图书在版编目(CIP)数据

怎样提高马铃薯种植效益/庞淑敏等编著.—北京:金盾出版社,2006.9(2018.1重印)
（农作物种植技术管理丛书）
ISBN 978-7-5082-4180-7

Ⅰ.①怎… Ⅱ.①庞… Ⅲ.①马铃薯-栽培 Ⅳ.①
S532

中国版本图书馆 CIP 数据核字(2006)第 085717 号

金盾出版社出版、总发行
北京市太平路 5 号(地铁万寿路站往南)
邮政编码:100036 电话:68214039 83219215
传真:68276683 网址:www.jdcbs.cn
彩色印刷:北京军迪印刷有限责任公司
黑白印刷:双峰印刷装订有限公司
装订:双峰印刷装订有限公司
各地新华书店经销
开本:787×1092 1/32 印张:4.875 彩页:4 字数:105 千字
2018 年 1 月第 1 版第 11 次印刷
印数:81 001~84 000 册 定价:15.00 元
(凡购买金盾出版社的图书,如有缺页、
倒页、脱页者,本社发行部负责调换)

目　　录

第一章　我国马铃薯生产
概况及发展趋势

　　马铃薯是茄科茄属的一年生草本块茎植物,原产于南美洲的安第斯山,16世纪传到欧洲,最早传入中国的时间是在明朝的万历年间(1573～1619年),距今已有400多年的栽培历史,现已遍及全国。它是重要的粮菜兼用和工业原料作物,由于马铃薯生长周期短、耐旱、耐瘠薄、高产稳产,适应性广,营养成分全和产业链长而受到全世界的关注,是世界上小麦、水稻、玉米、马铃薯四大粮食作物之一。我国是马铃薯种植第一大国。由于我国幅员辽阔,地理气候因素有显著差异,从南到北一年四季均有马铃薯种植。在长达400多年的栽培过程中,积累了丰富的栽培经验,特别是新中国成立50多年来,有关马铃薯的科学技术得到了长足发展,马铃薯专业科技队伍也随之壮大,从而有力地推动了马铃薯产业的开发与应用。

一、我国马铃薯生产现状

　　目前我国是世界上第一大马铃薯种植大国,种植面积发展迅速。到2001年,全国种植面积已达472万公顷,占世界种植面积的25%,总产量达6 400多万吨,占世界总产量的17.6%。单产水平差异较大,高的达到了29.8吨/公顷,低的只有不到6.2吨/公顷。山东省的单产水平甚至接近了发达国家水平,这说明马铃薯在我国的生产潜力巨大。

　　我国幅员辽阔,自然条件各异,马铃薯栽培遍及全国。在千差万别的自然条件下,各地通过长期的生产实践,形成了与当地自然特点和生产条件相适应的栽培类型,从而构成了不同的栽培区域。我国马铃薯种植大致分为4个区域:一是北方一季作区,主要为东北、西北等地区;二是中原二季作区,主要分布于华北平原、长江流域等地;三是南方冬季作区,即两广、台湾、海南和福建一带,利用冬闲地进行马铃薯种植;四是西南混作区,包括云南、贵州、四川、西藏等省、自治区及湖南、湖北二省的西部山区,在该区内又有一季作、二季作等不同栽培型交错出现的局面。虽然马铃薯在我国各省、自治区均有种植,但分布不均匀。主要产区为北方一季作区和西南混作区,这两个种植区域占全国种植面积的90%以上,而中原二季作区和南方冬季作区总种植面积不足全国的10%。各省、自治区间的分布也不一样,目前,我国种植面积最大的为内蒙古自治区,其次是贵州省,近年来,河北、河南、山东省等中原二季作区和广东、福建省等冬季作区的种植面积也有所增加。

马铃薯脱毒技术和相应的种薯繁育体系已经在全国许多地区被用于生产实践并获得了显著的效果。在主要的马铃薯产区,相继建立了脱毒技术中心。由于政府的大力支持和良好的种植效益,脱毒种薯的种植面积正在快速增加。另外,地膜覆盖、间作套种、适时早播、合理密植及病虫害防治等马铃薯高效丰产技术也正在逐步推广,市场意识和良种意识逐渐被种植者接受,在市场机制调节下的种植结构正在发生良性整合。

马铃薯的用途十分广泛,除可鲜食外,又是制造淀粉、糊精、葡萄糖和酒精的主要原料。通过近几十年来的研究与开发,以马铃薯为原料的加工产品得到了空前发展。在美国,马铃薯制品的加工量约占总量的76%,马铃薯食品多达70余种,颇受消费者青睐。在我国,马铃薯多限于鲜贮、鲜食、鲜运、鲜销,除部分地区作为主食直接食用外,90%以上的马铃薯是作为蔬菜鲜用。工业加工多限于加工粗制淀粉,制作粉丝、粉条等,不仅数量少,而且加工深度不够,经济效益不高,消化能力有限。近年来,随着食品结构的调整,新兴马铃薯制品的多样化,马铃薯全粉、变性淀粉、油炸薯条、薯片及膨化食品的兴起以及马铃薯饼、丸等产品的开发,带动了马铃薯深度加工业的发展。通过深加工,同等产量马铃薯的产值变成原来鲜食马铃薯的 3～5 倍,经济效益高,大大激发了种植者种植的积极性。但目前与之相适应的加工品种严重缺乏。因此,选育适合各类加工用的对口品种成为科研工作的当务之急。

二、马铃薯生产发展趋势和市场前景

马铃薯营养丰富,富含维生素 C 和 B 族类维生素,以及钙、钾、铁等矿物质元素,其所含蛋白质质量仅次于大豆,极适合人体消化利用,许多国家把马铃薯当作主要粮食,有"第二面包"之称。根据联合国粮农组织和国际马铃薯中心的报告表明,过去 30 年发展中国家的马铃薯生产比其他粮食作物(除小麦)增长都快,平均年增长 3.6%,到 2010 年将达到世界产量的 50%。我国马铃薯种植总面积和总产量均占世界第一位,是世界马铃薯生产大国之一,1999 年总产量占发展中国家的 60%,同时占世界产量的 20%。在未来的发展中,中国马铃薯产业将有着广阔的前景。

(一)马铃薯生产的发展趋势

1. 种植面积将进一步增加 在过去的 20 年中,由于马铃薯种植效益高,在加工业的带动下,中国马铃薯种植面积一直呈上升趋势,从 1982 年的 245.5 万公顷增加到 2001 年的 471.9 万公顷。种植面积增加较快的有黑龙江、云南和山东等省。在未来的几年中,我国马铃薯种植面积估计在东北、西北、西南及中原二季作区和南方冬季作区以及内蒙古自治区都会有大幅度增加,估计到 2010 年全国种植面积将会突破 600 万公顷,中国无可争议地成为亚太地区最主要的马铃薯生产中心。

2. 单产和总产将有进一步提高 据专家估计,马铃薯的理论产量为 120 吨/公顷,说明其增产潜力巨大。在过去的 10 年间,我国马铃薯单产由 1982 年的 9.7 吨/公顷,增加到 2001 年的 13.7 吨/公顷,其增长率达到了 41.2%。而同期种植面积增加了 92.3%,总产量增加了 171%。目前,全国通过推广新品种和配套的高效栽培技术,加上种植者科技意识的提高和脱毒种薯的大面积推广应用,其种植水平和种植技术有了显著提高。预计到 2010 年,单产有望达到 30 吨/公顷,按种植面积 600 万公顷计算,我国马铃薯产量将达到 1.8 亿吨。

3. 品种将呈现多样化 随着食品加工业的发展和研究方向的调整,不同用途的品种将全面上市,尤其是加工型品种将会更加丰富,能够满足各种加工需求,如高淀粉品种、炸条、炸片品种,菜用品种,食用品种和特殊用途的品种等等。今后几年,这些品种将陆续运用到生产实践中。

4. 脱毒种薯和新技术将会被普遍采用 脱毒种薯的种植面积将由目前的 20%~30%增加到 80%,特别是以微型薯和试管薯为特色的种薯生产体系和检测体系将建立起来,同时,与脱毒种薯相适应的高产栽培技术也将被普遍采用,从而为产量的大幅度提高提供技术支持。

(二)马铃薯市场的发展趋势

马铃薯是我国的主要农作物之一,其产品的市场开发潜力大。马铃薯产业不仅有国内的商品薯市场、种薯市场、加工原料市场,而且还有广阔的国际市场。目前,马铃薯需求量不断上升,特别是鲜食出口和加工原料薯市场不断扩大。从近几年的发展趋势看,马铃薯产品市场需求正处于日益增长阶段。

1. 鲜薯出口和鲜薯食用市场 马铃薯在欧、美人均年消费量为 80.58 千克,中国人均年消费量仅为 11.7 千克,主要作为鲜薯食用,约占总量的 55%。我国鲜薯出口市场也比较大,主要出口东南亚周边国家和地区,一年四季均有供货需求,以薯形好、表皮光滑、芽眼浅、黄皮黄肉或红皮黄肉的品种为主。目前,我国向蒙古和独联体国家的马铃薯出口量也正在逐步增长。

2. 马铃薯加工市场 随着经济发展,我国居民的食物消费结构正在发生巨大变化,快餐和休闲类食品的消费将会出现巨大的增长,马铃薯许多新的用途正被开发。

(1)淀粉加工 目前发达国家每年人均精淀粉消费 20~25 千克,而我国人均仅有 0.5 千克。我国马铃薯精淀粉需求量每年在 35 万~40 万吨,并有逐年增加的趋势。但目前我国马铃薯精淀粉年生产量仅有 10 万吨,且真正在质量上达到国际标准的更少。如果把精淀粉进一步转化成变性淀粉,其市场需求量将会更大。

(2)薯片和薯条加工 随着中国经济的发展和西式快餐店在中国的扩张,人们更容易接受薯片和薯条这一休闲食品。一些海外薯片加工企业看中了中国这个潜力巨大的市场,纷纷在中国投资开厂。目前,我国的薯片加工厂已发展到几十家,薯条加工厂也陆续出现,但供应中国麦当劳和肯德基快餐店的速冻薯条大部分是进口的,到 2002 年,速冻薯条的进口量超过了 10 万吨。按国家统计局的资料,2000 年中国城市人口为 4.56 亿,如果人均消费薯条 0.5 千克,则每年需要速冻薯条 22.8 万吨,如果加上农村消费者,数量将更大。因此,薯片和薯条加工市场还有很大的发展空间。

（3）全粉加工　在国外,以全粉为主要原料的各种食品,特别是婴儿食品种类繁多,而目前我国这类食品加工几乎还是一片空白。随着以全粉为原料的加工食品的增加,全粉的用量将逐步增加。在今后的几年中,人们对全粉的认识和接受能力将得到提高,全粉消费量将有进一步增加的趋势。

3. 种薯市场　随着鲜食出口及鲜食食用和加工原料薯市场的不断扩大,势必要带动和刺激种薯市场的发展,种薯需求量将会大幅度增加。同时,脱毒种薯或微型薯将会逐步取代常规种薯,而且种薯的质量也会进一步提高。由于在中国生产种薯的成本低于欧美国家的生产成本,中国种薯在国际市场上会存在一定的优势,可望向临近的东南亚国家出口种薯。另外,在经济全球化影响下,中国种薯生产将逐步向世界先进国家看齐,各种规章制度和行业标准逐步出台,种薯生产和种薯经营将逐步走向规范化。

（三）市场对品种的需求趋势

我国马铃薯品种相对单一,长期以来育种的指导思想主要以追求高产稳产为目标,所育成的品种存在干物质含量低、薯形不规则、芽眼较深、表皮不够光滑等缺陷,只能以鲜食为主,难以适应加工企业的需要。因此,我国各类优质专用型品种严重缺乏,特别是适合生产马铃薯全粉及炸片、炸条的品种,这样就造成了品种选育同加工需要相脱节,品种类型与目前市场需要相脱节。小生产与大市场矛盾突出的局面,将严重阻碍马铃薯生产的进一步发展。

1. 鲜薯出口和鲜薯食用市场对品种的需求趋势　马铃薯出口标准为:薯形椭圆、表皮光滑、黄皮黄肉、芽眼浅、薯块整齐、干净,单重在50克以上,无霉烂,无损伤等。随着人们生活水平的提高,马铃薯鲜薯出口和鲜薯食用市场不断扩大,对相应品种的要求也越来越高,除了满足出口标准外,还要求干物质含量中等、高维生素C含量、粗蛋白质含量2%以上,炒食和蒸煮风味、口感好,耐贮运。

2. 加工市场对品种的需求趋势　我国马铃薯的食品加工和淀粉、全粉等工业已开始起步,并呈快速发展趋势,已建立了大批的生产加工企业和出口创汇基地。随着食品加工业的发展和研究方向的调整,不同用途的品种将全面上市。

(1)淀粉加工　任何马铃薯品种都可用于淀粉加工,但用不同淀粉含量的马铃薯做原料时,淀粉加工成本差异很大。作为高淀粉品种,其淀粉含量一般应在18%以上,而且产量不能低于当地一般品种。目前,国内淀粉含量在18%以上的马铃薯品种不少,但淀粉含量和单位面积产量稳定的品种不多。今后随着马铃薯淀粉加工业的发展,对高淀粉马铃薯品种的需求越来越迫切,高淀粉品种的马铃薯种植面积也将逐年扩大。

(2)薯片和薯条加工　并非所有的马铃薯品种都能用于炸片和炸条加工。用于炸片和炸条的品种的要求是:还原糖含量较低、一般在0.25%以下,耐低温贮藏,比重介于1.085～1.1之间。炸片要求薯块形状为圆形或近似圆形,白皮白肉,炸条要求薯块长椭圆形或长圆形,白皮白肉。目前我国没有育成成熟的适于炸片和炸条的加工专用型品种,国外的炸片加工品种大西洋、炸条加工品种夏坡蒂等已引入我国种植。但大西洋不抗晚疫病和易出现空心;夏坡蒂容易退化,不抗晚疫病、不耐瘠薄。两个品种既不高产又难稳产,农户的种植积极性较低。过去我国的马铃薯育种目标是以高产、稳产、抗病为主,所以,适于炸片和炸条加工的品种比较缺乏。目前国内一些育种单位已经有了可用于炸条和炸片的高代品系,估计在不久的将来,国内会出现育成的炸片和炸条品种,并且将会得到推广和大面积种植,同时我国的薯片和薯条加工产业将会迅猛发展。

(3)全粉加工 适于马铃薯薯片和薯条加工的品种是完全可以进行全粉生产的,而且对块茎形态与大小的要求没有炸片和炸条严格。目前国内炸片、炸条原料薯尚未完全解决,没有多余的原料用作全粉生产,这是造成我国全粉质量低于国外同类产品的主要原因之一。随着一些加工厂的陆续开工生产,全粉的生产能力逐步增加,可能增加到2万~3万吨/年。与此同时,对原料薯的要求也将不断提高。今后将筛选出全粉加工的专用型品种,并建立一套完善的栽培管理体系。

3. 种薯市场与品种的需求趋势相适应 优质种薯是保证马铃薯产量和质量的关键,也是向鲜薯出口和鲜薯食用及加工市场提供原料薯的基础。因此,种薯市场的发展必须与鲜薯出口和鲜薯食用市场及加工市场的发展相适应。随着马铃薯各种加工食品,炸片、炸条、膨化食品,全粉等生产量的不断增加,急需适于加工的品种及其大量原料薯,同时对原料薯的要求也越来越严格。为了满足加工市场对品种的需求,其种薯市场的品种势必会越来越多样化,不仅有普通的马铃薯种薯,还应具备各种类型的加工专用型品种,如高淀粉品种,炸片、炸条品种和全粉品种等。

三、当前制约马铃薯种植
效益提高的关键问题

马铃薯开发利用范围广,加工转化能力强,具有很高的增值效益。我国马铃薯总产量居世界第一,但单产与发达国家相比水平较低。因此,种植者的种植效益也较低,这就极大地限制了种植者的种植积极性。当前制约马铃薯种植效益提高的关键问题主要有以下几个方面:

第一,因地制宜选用优良品种。几十年来,在马铃薯育种工作者的不懈努力下,马铃薯品种日趋丰富,有早熟的、有晚熟的,有高产的、有抗病的,有鲜薯出口型的、有加工型的。由于马铃薯各个品种的适应性不同,所以每个品种都有它的适应地区和适应范围,并不是在任何地方都能发育良好并获得高产。但是,许多种植户对品种的特性没有充分了解,盲目的进行引种,导致种植失败;再加上对种薯的投入不够及对脱毒种薯的认识不到位,造成退化减产,使种薯的增产潜力不能充分发挥,从而使马铃薯种植效益降低。因此,因地制宜地选用优良品种在提高马铃薯种植效益中是一项最经济有效的措施。

第二,正确使用脱毒种薯。马铃薯为无性繁殖的作物,常年种植导致种薯退化,产量降低,这也是制约我国马铃薯产业发展的关键因素。随着科学技术的推广,马铃薯茎尖组织培养技术日趋完善,脱毒种薯已逐渐的取代常规种薯。在脱毒马铃薯的使用过程中,少数种植者已经懂得脱毒薯增产的原理,但多数种植者对马铃薯的脱毒往往产生误解,不能正确地使用脱毒种薯,导致脱毒薯栽培和管理上的失误,使脱毒薯的增产潜力得不到发挥,从而影响种植效益的提高。

第三,灵活应用高效栽培技术。我国的水稻、小麦、玉米等粮食单产已高于世界平均水平,但马铃薯平均单产与发达国家的差距巨大,加上农户种植规模小,总体效益上不去。究其原因,是因为种植者缺乏优质高效的大田生产栽培技术,栽培管理粗放,良种良法不配套,高肥不高产,肥料施用不当,密度设计不合理,甚至田间管理不及时、不到位,继而大面积增产潜力得不到发挥。不同的马铃薯生产区域其栽培技术也不尽相同,只有灵活应用,才能充分发挥马铃薯的增产潜力,达到优质高产的目的。

第四,综合防治病虫害。病虫为害是制约马铃薯种植效益不容忽视的问题之一。马铃薯病害主要有真菌性病害,如晚疫病、早疫病、疮痂病等;细菌性病害,如青枯病、环腐病等;病毒性病害,较常见的有卷叶病和花叶病;生理性病害,如矿物质营养缺乏症、块茎生理病害等。马铃薯虫害主要有蚜虫、地下害虫如地老虎等。马铃薯病虫害防治仍然是马铃薯生产中比较薄弱的技术环节,广大种植者对马铃薯病虫害存有侥幸心理,重视不够,应切实加强这方面的宣传力度,引导种植者及时防治马铃薯病虫害,积极应用脱毒种薯、夏播留种、药剂防蚜等措施防治病毒病,严格精选无病薯块种植,及时拔除病株,及时采用药剂防治等措施防治其他病害和虫害。通过这些措施的实施,提高马铃薯的产量和质量,增加种植者的种植效益。

第五,注重贮藏保鲜。马铃薯收获以后,根据不同的用途要有较长时间的贮藏期。不同用途的马铃薯贮藏的要求是不同的。作为食品用的马铃薯,在贮藏期间要减少营养物质的消耗,避免见光变绿导致食用品质下降,使块茎保持新鲜状态;淀粉加工用的马铃薯贮藏期要注意防止淀粉的转化而使淀粉含量下降;种薯的贮藏则要防止贮藏病害的发生,保持种薯质量。马铃薯收获后如果贮藏不当,不仅会造成品质上的下降,还会造成大量的损耗,因此贮藏保鲜对于马铃薯经济效益的保障而言也是不可忽视的环节。

第六,以市场为导向,改变种植观念。种植效益最终是需要通过市场营销来实现的,种植者要改变传统的只重视栽培,不重视营销的观念,通过各种途径,关注了解马铃薯的各类市场变化,根据市场需要因地制宜地制定种植和营销计划,科学地分析投入与产出,使马铃薯种植效益达到最佳化。

第二章　马铃薯优良品种

一、马铃薯品种选择的误区

误区一：对种薯的投入不够。马铃薯可以通过实生种子、块茎进行繁殖，在生产中一般用块茎进行繁殖。块茎无性繁殖可以保证繁殖品种的纯度，但易受病毒感染，长期栽培下去，由于病毒的积累而导致薯块退化，表现出植株逐年变小，叶片皱缩卷曲，茎秆矮小细弱，产量逐年下降等现象。在生产中，为了避免薯块退化造成减产，就要做到勤换种、换好种，防止马铃薯病毒在薯块中的积累，提高种薯的质量，以增加马铃薯的种植效益。但是，目前我国种植者，尤其是边远地区和小规模种植户的科技意识仍然比较淡薄，再加上经济不富裕，生产用种薯仍然采用自留种和相互交换的种子，长期下去，会造成马铃薯品种严重退化，抗病能力差，产量明显下降，种植效益降低。

误区二：对品种特性了解不够。马铃薯品种比较丰富，根据生长期的长短可以分为早熟、中熟和晚熟品种等类型。我国幅员辽阔，各地区气候差异较大，因此形成了不同的马铃薯栽培区域，有北方一季作区、中原二季作区、南方冬季作区和西南混作区等。不同的栽培区域有着不同的栽培特点，也就需要有不同的品种相适应。北方一季作区生长期长，日照充足，要求品种生育期较长，具有晚熟的特点。二季作区利用春、秋两季进行种植，生长季节短，要求品种具有早熟或极早熟的特性。因此,马铃薯种植应充分结合当地的气候条件选择适合在当地生长的马铃薯品种。目前,经过育种专家和科研人员的努力,已培育出种类繁多的各种类型的马铃薯品种供种植户选择利用。某些种植者在选择马铃薯品种时缺乏针对性,盲目的追求产量和其他一些品种特征,而忽略了该品种在当地的适应性,结果导致种植失败,单位面积效益也大大降低。比如一些晚熟品种,其产量比较高,二季作区的种植者对这些品种的特性了解不够,但为了追求高产,盲目进行引种,结果导致生产的马铃薯结薯多,薯块小,产量和效益低下。因此,在引种前,我们应充分了解品种的特征特性和适应栽培的范围,先少量引种进行试种,成功后才能在当地进行大面积种植和推广。

误区三:对脱毒种薯的认识不够。随着茎尖培养技术的日臻完善,马铃薯脱毒种薯在很大程度上取代了常规种薯。马铃薯脱毒种薯的使用是解决种薯退化的最有效的方法,对提高马铃薯生产水平,促进马铃薯主导产业的健康发展,增加种植者的收入有着重要意义。马铃薯脱毒种薯的获得要通过茎尖培养、组培苗、微型薯、原种、脱毒种薯等一系列过程。因此,其繁种成本较高,价格也比较贵。这就极大的制约了种植者使用优质脱毒种薯的积极性。另外,脱毒种薯只是采用生物技术手段脱去了其本身原有的病毒,并没有提高种薯抵抗外界病毒再次侵染的能力,甚至感病率较普通种薯更高。大部分种植者对此认识还不到位,普遍认为一旦购买了脱毒种薯,就不再会出现退化现象,连续多代种植,结果产量仍然逐年下降。因此,在生产中要对种植者做好有关脱毒马铃薯知识的宣传教育工作,同时,加大科研力度,降低脱毒种薯的繁育价格,鼓励种植者使用优质的脱毒种薯,从而提高种植者的收入,促进马铃薯产业健康迅速的发展。

二、马铃薯品种选择的原则

（一）优良品种的特性

无论是早熟还是晚熟的马铃薯优良品种，都应该具备高产、优质、抗病、适应性广等优良性状。种植马铃薯的目的是取得块茎的高产，因此高产是马铃薯优良品种最基本的特性。在病害发生严重的地区，推广应用抗病品种，常能成倍地提高产量。另外，在栽培中还要求品种具有抗旱、耐涝、结薯集中、薯块大、商品率高等优良性状。

随着科学技术的发展，人民生活水平的逐渐提高，对马铃薯品质要求也会愈来愈高。马铃薯从用途上分为食用鲜薯、鲜薯出口、加工型和饲用型等，不同的专用型对马铃薯的品质要求不同。食用鲜薯和鲜薯出口型要求薯形整齐、外观好、芽眼浅、口感好、蛋白质和维生素等营养物质含量高，商品薯率能够达到 85％以上，块茎大小整齐，且要求耐贮、耐运。加工专用型品种中用于淀粉加工的品种对块茎的淀粉含量要求较高，而对于外观形状、大小及食用品质不做过高的要求；但用于炸片、炸条的专用型品种，不仅对品质有特殊的要求，如还原糖含量较低，淀粉含量较高等，而且对薯形、大小、芽眼深浅、皮色肉色都有一定的要求。饲用专用型品种对块茎的外观不做过高的要求，但要求块茎蛋白质含量高，龙葵素含量低，并须耐贮性好，丰产性高。

（二）因地制宜选用优良品种

不同的马铃薯品种对于自然条件和栽培条件的要求，以及它对自然条件和栽培条件的适应特性,往往是不一样的。只有当环境条件充分满足了它的生态、生理和遗传特性的要求,才能充分发挥其优良特性与增产潜力。我国马铃薯各栽培区域的自然条件和耕作制度比较复杂,生产水平也有高有低,怎样因地制宜地选用优良品种是一个值得考虑和重视的问题。

1. 结合栽培区域与栽培方式选用优良品种 北方一季作区纬度较高,气候凉爽,日照充足,土壤肥沃,适合马铃薯生长发育,但无霜期短,一年只能种植一季马铃薯,适合各熟期马铃薯的生长,可根据不同的栽培目的选用相应的品种。中原二季作区由于终霜迟和初霜早,适合马铃薯春、秋二作的栽培季节较短,因此在品种选择上应以早熟或极早熟品种为主,部分结薯较早的中熟品种在这一地区也有栽培。南方二季作区的栽培季节为冬、春两季或秋、冬两季,多采用间作套种方式,所以品种选择上多要求早熟品种,因为早熟品种生育期短,而且植株矮小,株型紧凑,能够保证充分利用光能,提高光合效率。

2. 根据当地自然灾害和病虫害的特点选用优良品种 在一个地区常常会发生一种特有的病害、虫害、旱灾和涝灾等,这就要充分注意自然灾害的特点,选用适合本地稳产、高产的品种。如北方一季作区晚疫病发生严重,就要选择抗晚疫病的品种,做到在抗病灾取得稳产的基础上获得高产。中原二季作区春、秋两季栽培时,尤其是秋作栽培,气温较高,蚜虫为害严重,病毒病极易传播,选择的品种要求抗病毒病、耐病毒性退化能力较强。目前,我国马铃薯品种选育工作的成就是很大的,已选育出了抗各种灾害与病虫害的品种,基本能适应生产的要求。在栽培中应根据当地的具体特点,结合每一品种的特性加以选择应用。

3. 充分考虑当地的生产水平选用优良品种 丰产性是

马铃薯优良品种的主要特征。所谓丰产性，就是指在相同的栽培条件下，品种在产量结构上能表现出明显的优越性，可见丰产性与栽培条件是密切相关的。因此，在一个地区或一个生产单位，选用良种就要根据本地的生产条件与栽培水平来选用。在肥水条件好、生产水平高的地区，应选喜肥喜水、抗倒伏、不徒长贪青、增产潜力大的品种。在干旱和瘠薄地区，应选耐旱、耐瘠能力强的品种。如中原二季作区，当地水肥条件一般较好，选用喜肥水特性的费乌瑞它、郑薯五号和郑薯六号等品种，既能发挥品种的增产潜力，又能满足当地生产水平对品种的要求。在西南云贵高原的贫瘠山区，选用一些耐瘠薄的品种也能获得一定的产量。

（三）合理搭配优良品种

马铃薯作物与其他作物一样，每个品种都有自己独特的生长发育规律和具有一定的特征特性，并要求一定的环境条件。由于马铃薯各个品种的适应性不同，所以每个品种都有它的适应地区和适应范围，并不是在任何地方都能发育良好并获得高产，往往一个优良品种在这个地区表现高产，而在另一个地区却减产。因此，在栽培过程中，必须按照当地的自然条件和栽培水平以及经常发生的病害等情况，依据各个品种的特征特性使一个地区内做到品种的合理布局。

在一个生产单位，也要做到品种的合理搭配，既能避免品种单一化带来的意外损失，又可避免品种的多、乱、杂，有利于发挥良种的增产作用。品种搭配应分清主次，并以当地主栽品种为主。品种搭配的原则为：

1. 选用成熟期不同的品种进行搭配 选用成熟期不同的品种进行栽培可以做到分批收获，既可以解决收获期劳动力过分集中的矛盾，又能满足市场不同时期的需求，提高种植效益。北方一作区以晚熟品种为主，但在城市郊区等地方，马铃薯为主要的蔬菜种类之一，要求具有早熟和极早熟的特性以满足市场的需求。

2. 根据本地的土质、地势、肥水条件等合理搭配品种 土质贫瘠、地势较高和肥力低的地块，要选择抗旱耐瘠品种进行搭配种植。如果是低洼易涝地块，要选耐涝品种进行搭配种植。

3. 按用途比例进行搭配种植 马铃薯的用途很多，既可做蔬菜食用，又可进行加工或作为饲料使用。现在，经过育种专家的努力，各个专用型马铃薯品种已十分丰富，在种植马铃薯时应充分考虑市场需求、种植效益并结合当地的消费习惯，确定种植目的并选择合适的品种。

4. 选用抗性品种进行搭配种植 根据当地的灾害、病虫害特点，选用具有一定抗性、高产、稳产的品种搭配种植，可以在抗病灾取得稳产的基础上取得高产，保证马铃薯的种植效益。

三、马铃薯优良品种介绍

选用优良品种是栽培马铃薯获取高产的重要物质基础，即使具备了良好的农业栽培技术条件，如果没有相适应的优良品种，获得高产是很困难的，选用优良品种在栽培技术中是一项最经济有效的措施。所谓优良品种，就是具有高产、抗病、质佳、适应性强，能满足一定用途要求和市场需求等许多优良性状。根据品种的成熟期长短可以分为早熟、中熟和晚熟等类型。根据品种的不同用途可以分为食用鲜薯和鲜薯出口、加工等类型。如何选择马铃薯品种,要因地制宜,并结合品种的用途等综合因素进行考虑。

(一)中早熟品种

1. 豫马铃薯一号

(1)特征特性 早熟品种,出苗后65~70天收获。植株直立,株高60厘米左右,茎粗壮、绿色,分枝1~2个。叶片较大、绿色。花冠白色,能天然结实。单株结薯4块左右,薯块椭圆形,脐部稍小,黄皮黄肉,表皮光滑,芽眼浅而稀,结薯集中,块茎大而整齐。食用品质好,干物质含量19.18%,鲜薯淀粉含量13.42%,粗蛋白质含量1.98%,维生素C含量13.89毫克/100克鲜薯,还原糖含量0.089%,适合鲜薯食用和外贸出口。块茎休眠期约45天,较耐贮藏,植株较抗茶黄螨和疮痂病,病毒性退化轻,感卷叶病。在二季作区表现高产、稳产,春季每667平方米产2 000千克左右,高产可达4 000千克;秋季每667平方米产1 500千克左右,高产可达2 500千克。

(2)适应范围及栽培要点 该品种早熟,较抗瘠薄和干旱,适应范围广。适合中原二季作区水肥条件好的地区作为蔬菜早熟栽培,尤其适合在河北、河南、山东、四川、广东、吉林等地区栽培。河南地区春季在2月下旬至3月上旬播种,5月底6月初收获。地膜覆盖可提前播种和收获。栽培密度每667平方米4 000~5 000株。秋季栽培,在8月中、下旬用整薯播种,播前用浓度5毫克/升的赤霉素(920)溶液浸泡处理5分钟左右,搁置阴凉处催芽。选择排灌水良好的地块播种,防止烂种烂薯。

2. 豫马铃薯二号

(1)特征特性 早熟品种,生育天数65天左右。株型直立,茎粗壮、绿色,株高 55 厘米左右,分枝 2～3 个。生长势较强,叶片较大,绿色。花冠白色,能天然结实。单株结薯 3～4块,块茎椭圆形,黄皮黄肉,表皮光滑,芽眼浅而稀,结薯集中,块茎大而整齐,商品薯率极高,适宜外贸出口。块茎休眠期 45天左右,耐贮性中等,退化轻,植株较抗茶黄螨和疮痂病,轻感卷叶病毒。食用品质好,干物质含量 20.35%,鲜薯淀粉含量 14.66%,粗蛋白质含量 2.25%,维生素 C 含量 13.62 毫克/100 克鲜薯,还原糖含量 0.177%,适合鲜薯食用和外贸出口。在二季作区春季每 667 平方米产 2 000～2 250 千克,秋季每 667 平方米产 1 500 千克左右,高产可达 4 000 千克以上。

(2)适应范围及栽培要点　该品种较抗瘠薄和干旱,适应范围广。适合中原二季作区水肥条件好的地区作为蔬菜早熟栽培,尤其适合在河北、河南、山东、四川、广东、吉林等地区栽培。河南地区春季在 2 月下旬至 3 月上旬播种,5 月底 6 月初收获。地膜覆盖可提前播种和收获。栽培密度每 667 平方米 4 000～5 000 株。秋季栽培,在 8 月中、下旬用整薯播种,播前用浓度 5 毫克/升的赤霉素溶液浸泡处理 5 分钟左右,搁置阴凉处催芽。选择排灌水良好的地块播种,防止烂种烂薯。

3. 费乌瑞它

(1)特征特性　早熟,从出苗到成熟 60 天左右。株型直立,分枝少,株高 65 厘米左右,茎紫褐色,生长势强。叶绿色,复叶大、下垂,叶缘有轻微波状。花冠蓝紫色、大,有浆果。块茎长椭圆形,皮淡黄色,肉鲜黄色,表皮光滑,块茎大而整齐,芽眼少而浅,结薯集中。块茎休眠期短,贮藏期间易烂薯。蒸食品质较好,鲜薯干物质含量 17.7%,淀粉含量 12.4%～14%,还原糖含量 0.3%,粗蛋白质含量 1.55%,维生素 C 含量 13.6 毫克/100 克鲜薯。易感晚疫病,感环腐病和青枯病,抗马铃薯Y病毒(PVY)和马铃薯卷叶病毒(PLRV),植株对马铃薯A病毒(PVA)和癌肿病免疫。一般667平方米的产量1700千克左右,高产可达3500千克。

(2)适应范围及栽培要点 主要适合在中原二季作区各省、市做早春蔬菜栽培。在山东、广东等地作为出口商品薯栽培生产,是目前最主要的鲜薯出口品种。该品种较耐水肥,退化较快,应选择在水肥条件好的地块,施足基肥种植。单作密度每667平方米4000～4500株为宜。二季作区栽培前催芽。结薯层较浅,块茎对光敏感,易变绿而影响商品性,生长期间应加强田间管理,注意及早中耕、高培土,以免块茎绿化而影响品质。

4. 中薯三号

(1)特征特性 早熟,出苗后60天左右可收获,生育期从出苗到植株生理成熟75～80天。株型直立,株高60厘米左右,茎粗壮、绿色,分枝少,生长势较强。复叶大,叶缘波状,叶色浅绿。花冠白色,易天然结实。薯块卵圆形,顶部圆形,浅黄色皮、肉,芽眼少而浅,表皮光滑。结薯集中,薯块大而整齐。块茎休眠期为50天左右,耐贮藏。食用品质好,鲜薯淀粉含量12%～14%,还原糖含量0.3%,维生素C含量20毫克/100克鲜薯,适合鲜薯食用。植株较抗病毒病,退化慢,不抗晚疫病。春季每667平方米产1500～2000千克,高产可达3000千克;秋季每667平方米产1000～2000千克。稳产性较好。

(2)适应范围及栽培要点 适应性较广,较抗瘠薄和干旱。适合一、二季作区的早熟栽培,尤其是干旱地区和秋季当作蔬菜作物栽培。可与玉米、棉花等作物间套作。选择质地疏松、肥力中上等土壤易获高产。栽培密度为每667平方米4000～4500株,结薯期和薯块膨大期应及时浇水,但不宜过多。秋季栽培前用浓度 5 毫克/升的赤霉素溶液浸泡处理 10 分钟左右,选择阴凉处,埋入湿沙中催芽,注意浇水但不宜浇得过多。

5.中薯四号

(1)特征特性 极早熟,出苗后 55 天可收获,生育期从出苗到植株生理成熟 65 天左右。株型直立,株高 55 厘米左右,分枝少,枝叶繁茂性中等,茎绿色,基部呈淡紫色。复叶挺拔,大小中等,叶缘平展。花冠淡紫色,能天然结实。薯块长椭圆形,皮、肉淡黄色,大小中等,芽眼少而浅,表皮光滑。结薯集中,结薯数较多。块茎休眠期为 50 天左右。蒸食品质优,鲜薯干物质含量 19.1%,淀粉含量 13.3%,还原糖含量 0.47%,粗蛋白质含量 2.04%,维生素 C 含量 30.6 毫克/100 克鲜薯。植株较抗晚疫病,抗马铃薯 X 病毒(PVX)和 Y 病毒,生长后期轻感卷叶病,抗疮痂病,耐瘠薄。春季每 667 平方米产 1 500～2 000 千克,高产可达 2 500 千克;秋季每 667 平方米产 1 000～1 500 千克。

(2)适应范围及栽培要点 薯块品质好,蛋白质和维生素含量高,适宜中原二季作区和西南混作区早春蔬菜栽培。较抗病,耐瘠薄,退化慢,也适合南方冬闲田、北方一季作区早熟栽培。既适合平播又可以间套种。每 667 平方米播种密度 4 500～5 000 株。播前催芽,施足基肥,加强田间早期管理,及时中耕培土,促进早发棵早结薯。秋季播种用浓度 5 毫克/升的赤霉素溶液浸泡 5 分钟后,用湿润沙土覆盖催芽。

6.中薯五号

(1)特征特性 早熟,出苗后 60 天可收获。株型直立,株高 50 厘米左右,生长势强,分枝少,茎绿色。复叶大小中等,叶缘平展,叶色深绿。花白色,天然结实性中等。薯块圆形、长圆形,皮、肉淡黄色,芽眼少而浅,表皮光滑,薯块大而整齐,结薯集中。炒食口感和风味好,炸片色泽浅。鲜薯干物质含量19%,淀粉含量13%,粗蛋白质含量2%,维生素C含量20毫克/100克鲜薯。植株较抗晚疫病,抗马铃薯卷叶病毒和Y病毒,不抗疮痂病,耐瘠薄。一般每667平方米产2 000千克左右,春季大中薯率可达97.6%。

(2)适应范围及栽培要点 该品种早熟丰产,生长势较强,但分枝少,宜密植增收,既适合平播又可以间套种。适宜在中原二季作区、北方一季作区和南方冬作区作为早熟食用鲜薯栽培。每667平方米播种密度4 500~5 000株。播前催芽,施足基肥,加强田间早期管理,及时中耕培土,促进早发棵早结薯。秋季播种用浓度5毫克/升的赤霉素溶液浸泡,5分钟后用湿润沙土覆盖催芽。

7. 东农303

(1)特征特性 极早熟,出苗后60天即可收获。株型直立,分枝数中等,株高45厘米左右,茎绿色,生长势强;叶浅绿色,茸毛少,复叶较大,叶缘平展,侧小叶4对;花序总梗绿色,花柄节无色,花冠白色,无重瓣,大小中等;雄蕊淡黄绿色,柱头无裂,不能天然结实。块茎扁卵形,黄皮黄肉,表皮光滑,块茎中等大小、芽眼较浅,结薯集中。蒸食品质优,干物质20.5%,淀粉13.1%~14%,还原糖0.03%,维生素C 14.2毫克/100克鲜薯,粗蛋白质2.52%。淀粉质量好,适于食品加工。植株中感晚疫病,块茎抗环腐病,高抗马铃薯花叶病,轻感卷叶病,块茎休眠期较长,耐贮藏,耐涝性强,丰产性好,一般每667平方米产1 500~2 000千克。

(2)适应范围及栽培要点 适应性广,适宜一、二季作及冬作区栽培和间套作。该品种适宜密度每667平方米4 000~

4 500株,要求肥力中上等,苗期和孕蕾期不能缺水,适于早收留种。不适于干旱地区栽培。秋季一般在8月上旬播种。南方冬作区一般在10月中下旬播种,春节前收获上市。

8. 克新4号

(1)特征特性　早熟,出苗后70天左右收获。株型开展,分枝少,株高60厘米左右,茎绿色,生长势中等。叶浅绿色,茸毛中等多,复叶大小中等,叶缘平展。花冠白色,天然结实性弱。块茎扁圆形,顶部平,黄皮淡黄肉,表皮光滑,块茎大小中等、整齐,芽眼较浅,数目中等,结薯集中。蒸食品质优,含干物质21.4%,淀粉12%~13.3%,还原糖0.04%,粗蛋白质2.23%,维生素C 14.8毫克/100克鲜薯。植株感晚疫病,块茎对晚疫病有较高的抗性,感环腐病,对马铃薯Y病毒过敏,轻感卷叶病,耐马铃薯纺锤块茎类病毒(PSTV)。块茎休眠期长,极耐贮藏,丰产性好,一般每667平方米产1 500千克左右。

(2)适应范围及栽培要点　适应范围较广,主要分布在黑龙江、辽宁、河北、天津、山东、河南、安徽、上海等省、直辖市。该品种适于城市郊区及二季作区种植,适宜密度每667平方米4 000~5 000株。

9. 早大白

(1)特征特性　早熟,生育期从出苗到成熟60天左右。植株直立,繁茂性中等,株高50厘米左右,茎绿色;叶绿色,侧小叶5对,顶小叶卵形;花冠白色,花药橙黄色,能天然结实,但结实性弱;块茎扁圆形,白皮白肉,表面光滑,芽眼深度中等,休眠期中等,耐贮性一般;块茎干物质含量21.9%,淀粉11%~13%,还原糖1.2%,粗蛋白质2.13%,总维生素12.9毫克/100克鲜薯,食味中等;单株结薯3~5个,大中薯率90%以上,一般每667平方米产量可达2000千克。苗期喜温抗旱,对病毒病抗性较强,较抗环腐病和疮痂病,感晚疫病。

(2)适应范围及栽培要点　适宜在二季作区进行栽培,选择地势高燥、排水良好的砂质土地,播前催芽,一般栽培密度为每667平方米5000株左右;深栽浅盖,分期培土,促前期生长,在每667平方米施1000千克农家肥的基础上,施氮、磷、钾复合速效肥300千克,注意防二十八星瓢虫和晚疫病。

10. 超 白

(1)特征特性　早熟,从出苗到成熟60天左右。植株直立,株高平均40厘米,茎绿色。叶色深绿。花冠白色。块茎圆形,白皮白肉,表皮光滑,芽眼较深,薯块大而整齐,结薯集中。块茎食用品质较好,适于鲜薯食用。平均鲜薯淀粉含量13%左右。病毒性退化轻,较耐花叶病。每667平方米产2000千克左右,高产可达4000千克以上。

(2)适应范围及栽培要点　适合辽宁、吉林、黑龙江及内蒙古等省、自治区有灌溉条件的地区和二季作区作为早熟蔬菜种植。植株较矮,可与其他作物间套作。单作种植密度每667平方米5000株左右。适时早播,重施基肥,加强前期田间管理和及时浇水,以获得高产。

11. 尤 金

(1)特征特性　早熟,生育期从出苗到收获70天左右。株型直立,花冠白色,天然结实性差。块茎椭圆形,黄皮黄肉,芽眼浅,表皮光滑,薯块大而整齐,结薯集中。块茎加工品质和食用品质优良,干物质含量20%,还原糖含量0.02%。植株不抗晚疫病和马铃薯卷叶病,抗X病毒,对Y病毒过敏,薯块抗腐烂、耐贮运。一般每667平方米产2000千克左右。

(2)适应范围及栽培要点　该品种适应性强,适于一、二季作区作为早熟栽培。在栽培技术上应注意催好芽，促早出苗。适宜种植密度为每 667 平方米 4 500～5 500 株。深栽、浅埋、多次覆土，促早出苗，出苗后早管理。花期注意防旱和防治病虫害。

12. 春薯五号

（1）特征特性　早熟，生育期从出苗到收获 60～70 天。株型扩散，生长势强，株高 60～70 厘米，茎粗壮，分枝少。叶片大，叶色黄绿。花冠白色，易落蕾，能天然结实。块茎扁圆形，薯皮白色、麻皮，薯肉白色，芽眼稀而浅。薯块大而整齐，结薯早而集中。耐贮藏。蒸食品质好，鲜薯干物质含量 22.54%，淀粉含量 14%～16%，维生素 C 含量 14.7 毫克/100 克鲜薯，粗蛋白质含量 2.14%，还原糖含量 0.18%～0.22%，油炸薯片颜色较浅。植株退化速度慢，对马铃薯 Y 病毒过敏，耐纺锤块茎类病毒，易感马铃薯奥古巴花叶病毒（PAMV），中抗晚疫病，易感疮痂病。一般 667 平方米的产量 1 500～2 000 千克，高产可达 2 500 千克以上。

（2）适应范围及栽培要点　该品种适于吉林、辽宁、河北、江苏、山东等地区作为早熟蔬菜和炸片原料栽培。种植密度以每 667 平方米 4 500～5 000 株为宜。由于块茎易感疮痂病，应选择偏酸性土壤和肥料，避免疮痂病的发生和危害。该品种对光反应敏感，在长日照条件下可延长生育期。

（二）中晚熟品种

1. 克新 1 号（紫花白）

（1）特征特性　中熟，生育期从出苗到收获 95 天左右。株型开展，株高 70 厘米左右，分枝数多，茎绿色，生长势强。叶绿色，复叶肥大。花冠淡紫色，雌雄蕊均不育。块茎椭圆形，淡黄皮白肉,表皮光滑,芽眼多,深度中等。结薯集中,块茎大而整齐。块茎休眠期长,耐贮藏。食用品质中等,鲜薯干物质含量18.1%,淀粉含量13%～14%,维生素C含量14.4毫克/100克鲜薯,还原糖含量0.52%。植株抗晚疫病,块茎易感晚疫病,高抗环腐病,植株对马铃薯X病毒过敏,抗Y病毒和卷叶病毒,较耐涝。一般每667平方米产量1500千克左右,高产可达2500千克以上。

(2)适应范围及栽培要点　该品种因块茎前期膨大快,适应性广,一、二季作区均可栽培。主要分布在黑龙江、吉林、辽宁、内蒙古、山西等省、自治区,是我国目前种植面积较大的品种之一。适宜种植密度为每667平方米3500株左右,在二季作区宜在春季催大芽早播,秋季要早催芽。黑龙江南部地区以4月中下旬、北部地区以5月中上旬播种为宜。

2. 克新2号

(1)特征特性　中熟,生育期从出苗到收获90天左右。株型直立,分枝多,株高65～70厘米,茎绿色,有极淡的紫褐色素,生长势强。叶绿色,茸毛少,复叶大。花冠淡紫色,天然结实性强。浆果绿色,大,有种子。块茎圆形,黄皮淡黄肉,表皮有网纹,块茎大而整齐,芽眼多、深度中等,结薯集中,耐贮藏。蒸食品质优,干物质含量22.5%,淀粉含量15%～16.5%,还原糖含量0.86%,粗蛋白质含量1.5%,维生素C含量13.8毫克/100克鲜薯。植株抗晚疫病,抗马铃薯X病毒和Y病毒,轻感卷叶病毒,抗旱。一般每667平方米的产量1500千克左右,高产可达2500千克以上。

(2)适应范围及栽培要点　适应范围较广,主要分布在黑龙江、吉林、山东等省,广东、福建省也有栽培。抗旱性较强,适于干旱地区种植。因植株繁茂,种植不宜过密,每667平方米种植3 200～3 500株为宜。

3. 克新3号

(1)特征特性　中熟,生育期从出苗到收获95天左右。株型开展,分枝数中等,株高约65厘米,茎绿色,生长势强;叶绿色,复叶大,茸毛少,叶缘顶部圆形;花冠白色,开花正常,花粉孕性较高,可天然结实和适合做杂交亲本。块茎扁椭圆形,大而整齐,薯皮黄色有细网纹,薯肉淡黄色,芽眼多而深,结薯集中;块茎休眠期长,耐贮藏。蒸食品质优,干物质含量21.7%,淀粉含量15%～16.5%,还原糖含量0.01%,粗蛋白质含量1.37%,维生素C含量13.4毫克/100克鲜薯。对晚疫病具有较高的田间抗性,高抗马铃薯卷叶病毒,抗X病毒和Y病毒,耐束顶病,耐涝。每667平方米的产量2 000千克左右。

(2)适应范围及栽培要点　适应范围较广,主要分布在黑龙江、吉林两省,山东、广东、福建省也有栽培。该品种耐涝性强,适于降水多的地区种植;适宜种植密度为每667平方米3 500～4 000株。

4. 坝薯9号

(1)特征特性　中熟,生育期从出苗到收获90天左右。株型半直立,分枝较多,株高60厘米左右。茎绿色、生长势强。叶绿色,茸毛中等多,复叶较大,侧小叶4对。花序总梗绿色微带紫,花柄节有色,花冠白色,雄蕊黄色,柱头有3裂,天然不结实。块茎长椭圆形,皮肉均为白色,芽眼深度中等,表皮光滑,大薯多较整齐,结薯集中;块茎休眠期短,耐贮性中等。蒸食品质中等,薯块大,适宜菜用。干物质含量18.5%,淀粉含量14%左右,还原糖含量0.31%,粗蛋白质含量1.67%,维生素C含量13.8毫克/100克鲜薯。植株较抗晚疫病,块茎不感病,轻感环腐病和疮痂病,较抗马铃薯X病毒和卷叶病毒。每

667 平方米产 1 000～1 500 千克,高产可达 2 000 千克以上。

(2)适应范围及栽培要点　主要分布在内蒙古自治区、河北省、北京市,山东省滕县也有较大面积栽培。该品种因出苗早,块茎形成早、膨大快,需要采取早浇水、早追肥等增产措施,可发挥最大增产潜力;适宜栽植密度每 667 平方米 3 000～3 500 株。在二季作区春播及间套作均较适宜。

5. 晋薯 2 号

(1)特征特性　中熟,生育天数从出苗至成熟 93 天左右。株型直立,株高 80 厘米左右,基部分枝 5～7 个。茎绿色。叶面粗糙,叶浅绿色,复叶大,叶缘平展,侧小叶 4 对,排列疏密中等。花序总梗绿色,花冠白色,花粉可育,雄蕊橙黄色,柱头 3 裂,天然结实性中等。薯块圆形,黄皮白肉,芽眼深浅中等,结薯集中。干物质含量 25.4%,淀粉含量 19% 左右,还原糖含量 0.02%,粗蛋白质含量 1.47%,维生素 C 含量 19.03 毫克/100 克鲜薯。适于淀粉加工。抗旱性强,对马铃薯 M 病毒 (PVM)过敏,轻感卷叶病毒和束顶病,较抗晚疫病和黑胫病,抗环腐病。一般每 667 平方米产量 1 500 千克左右,高产可达 2 500 千克。

(2)适应范围及栽培要点　适应一季作区的山、川、丘陵地种植。主要分布于山西、内蒙古、河北等省、自治区。该品种喜水肥,要施足基肥和窝肥,现蕾开花期注意追肥浇水。适宜种植密度每 667 平方米 4 000 株左右。块茎见光易变绿,对光敏感,开花后注意及时培土,收获后要及时入窖贮藏,否则影响品质。

6. 陇薯 3 号

(1)特征特性　中晚熟,生育期从出苗至成熟 105～110 天。株型半直立较紧凑,株高 60～70 厘米,株丛繁茂。复叶大小中等,侧小叶 3～4 对,顶小叶正椭圆形,叶色深绿有光泽。花冠白色,偶尔天然结实。薯块扁圆或椭圆形,芽眼中深,呈淡紫色,皮肉均为黄色,薯肉质地致密。结薯集中,单株结薯 4～7 个,薯块大而整齐,大中薯率 90%～97%。休眠期长,耐贮藏。食用品质优良,口感好。鲜薯淀粉含量 20.09%～24.25%,比一般中晚熟品种高出 3%～5%,十分适宜淀粉加工,可比一般品种出粉率提高 17.7%～33.3%。薯块干物质含量 24.1%～30.66%,维生素 C 含量 26 毫克/100 克鲜薯,粗蛋白质含量 1.88%,还原糖含量 0.13%。植株抗晚疫病、花叶病和卷叶病。产量高,平均每 667 平方米产 2 790 千克,高产可达 3 700 千克。

(2)适应范围及栽培要点 适合甘肃省及我国西北一季作区种植,一般栽培密度以每 667 平方米 4 000～4 500 株为宜,旱薄地种植 3 000 株左右为宜。

7. 大 西 洋

(1)特征特性 中晚熟,生育期从出苗到收获 91 天左右。株型直立,生长势中等,茎秆粗壮,基部有分布不规则的紫色斑点。叶亮绿色,茸中等,叶紧凑。花冠浅紫色,开花多,天然结实性弱。块茎卵圆形或圆形,表皮有轻微网纹,芽眼浅,白皮白肉,块茎大小中等而整齐。块茎休眠期中等,耐贮藏。淀粉含量 15%～17.9%,还原糖含量 0.03%～0.15%。植株不抗晚疫病,对马铃薯 X 病毒免疫,较抗卷叶病毒和网状坏死病毒,感束顶病和环腐病,在干旱条件下薯肉有时会产生褐色斑点。一般每 667 平方米的产量约 1 500 千克。

(2)适应范围及栽培要点 该品种适应性较广,目前在内蒙古、黑龙江、河北、吉林等省、自治区的一二作区作为炸片品种种植。土质以壤土为好,不适宜在干旱的沙质土上种植。种植过程中不可施用过多肥料。在种薯生产中,要根据本地条件,适当增加密度,并结合灌水。种植密度以每 667 平方米3 800 株为宜。深施肥,氮、磷、钾肥配合施用。种薯田要定时喷施杀蚜药剂,防治蚜虫。在雨季前,喷施甲霜灵锰锌,防治晚疫病。

8. 夏坡蒂

(1)特征特性　中熟,从出苗到收获 95 天左右。植株开张型,株高 60～80 厘米。茎秆粗壮、绿色,分枝较多。叶片密,较大,呈淡绿色。花冠白色间有浅紫色,开花早,花期长。薯块长椭圆形,薯皮白色,薯肉白色,薯皮光滑。芽眼极浅且突出。干物质含量 19%～21%,还原糖含量 0.2%。该品种既不抗旱又不耐涝,对涝害非常敏感,喜通透性强的疏松土壤,喜肥,不耐瘠薄。易感染晚疫病、病毒病,退化快。一般每 667 平方米产 1 500～2 000 千克。

(2)适应范围及栽培要点　该品种适宜肥沃疏松、有水浇条件的砂壤土。适合我国北部、西北部高海拔冷凉干旱一作区种植。对生产条件要求较高,选地应土层深厚、肥力中等以上,排水通气性良好的砂壤土或轻壤土。不宜在低洼、涝湿地块种植。种植行距 70～80 厘米,株距 25～30 厘米,每 667 平方米3 500 株左右。因易感染晚疫病,所以在此病发病前要严格防治。

9. 鄂马铃薯 1 号

(1)特征特性　中熟,生育期从出苗到收获 95 天左右。株型扩散,株高 50 厘米左右,生长势强。茎、叶均为绿色,花白色,天然结实性弱。块茎扁圆形,黄皮白肉,表皮光滑,芽眼浅。块茎较大,结薯集中,较耐贮藏。块茎食用品质较好,鲜薯干物质含量 23.6%,淀粉含量 17.7%,粗蛋白质含量 2.83%,还原糖含量 1.13%,维生素 C 含量 17.3 毫克/100 克鲜薯,适合鲜薯食用。高抗晚疫病,轻感马铃薯 X 病毒。一般每 667 平方米产 1 600 千克左右。

(2)适应范围及栽培要点　适合我国西南地区种植,已在湖北西部地区推广。在西南山区以冬播为宜。单作密度每 667 平方米 4 000～5 000 株为宜,可以与玉米双行套种。该品种适应性强,需肥量中等,单作一般每 667 平方米施有机肥 3 000 千克左右,追肥 2 次,总量尿素为 15 千克左右,追肥的同时进行中耕除草,生育期注意搞好清沟排涝。

10. 晋薯 7 号

(1)特征特性　晚熟,生育期从出苗到成熟 120 天左右。株型直立。株高 60～90 厘米。茎秆绿色,茎节处有紫色素。主茎分枝 10 个左右。叶片绿色,大而平展,顶小叶和侧小叶形状均为长椭圆形,叶尖尖锐。花白色,雄蕊较大、花粉多,可天然结实。薯块扁圆形,黄皮黄肉,表皮光滑度中等。芽眼较深,每块芽眼 9 个左右,芽眉弧形。结薯集中,薯块大而整齐。150 克以上大薯率达 70% 左右,粗蛋白质含量 2.51%,每百克鲜薯含维生素 C 9.04～14.6 毫克,碳水化合物含量 17.89%。抗旱性强,抗晚疫病、早疫病。退化程度轻。一般每 667 平方米产量 1 500～2 000 千克,最高产量可达 4 000 千克左右。

(2)适应范围及栽培要点　在一季作区的山、川、丘陵地均可种植。水肥条件好、无霜期达 130 天的地方,更能发挥其增产潜力。选择土层深厚、质地疏松的肥沃土壤种植,中上等肥力产量潜力大。每 667 平方米种植 3 500～4 000 株,本品种地上部开花盛期群体特别茂盛,因此行距要适当加大,以 0.5～0.6 米为宜。前期长势慢,要抓好苗期管理。追肥要在孕蕾期进行。

11. 青薯 168

(1)**特征特性** 是典型的晚熟品种,生育期从出苗到成熟130天以上。株型直立,株高90厘米左右,茎粗壮、红褐色,分枝2～3个。叶色深绿。花冠紫红色,天然结实少。块茎椭圆形,红皮黄肉,表皮光滑,芽眼浅。块茎大而整齐,结薯集中。块茎休眠期长,耐贮藏。块茎食用品质好,有薯香味,鲜薯淀粉含量17.3%,粗蛋白质含量2.07%左右,维生素C含量11.34毫克/100克鲜薯,还原糖含量0.68%。植株高抗晚疫病,抗逆性强,增产潜力大。一般每667平方米产量2 900千克,高产田可达4 000千克以上。

(2)**适应范围及栽培要点** 除在青海省已大量推广外,在甘肃、陕西等省也表现出抗病、高产,适宜在西北、华北一季作地区作鲜薯食用和鲜薯出口品种种植。根据土壤肥力和灌溉条件确定种植密度,水肥条件好可适当稀植,土壤肥力较差可适当密植。每667平方米种植3 000～3 500株,最多种植5 000株。

12. 榆薯 1 号

(1)**特征特性** 中晚熟,生育期从出苗到成熟110天左右。株高70厘米左右,茎绿色,分枝多,生长势强。叶深绿色。花冠白色,天然结实性弱。块茎圆形,白皮白肉,芽眼深度中等,块茎大而整齐,结薯集中。蒸食品质优,适口性好,鲜薯淀粉含量18.3%左右,粗蛋白质含量2.1%。植株抗病、抗旱、抗寒,轻感马铃薯X病毒和疮痂病。一般每667平方米产量1 600千克左右。

(2)**适应范围及栽培要点** 适宜在陕西省榆林地区及周边地区种植。榆林南部5月中下旬播种,北部5月上旬播种。种植密度山坡地每667平方米3 000～3 500株,梯田每667平方米3 500～4 000株。播前结合耕地施足基肥,苗高20厘米时,每667平方米追施尿素10千克或碳铵20～30千克,后期不宜追肥。

13. 合作88

(1)特征特性　中晚熟,生育期从出苗到成熟110天左右。株型直立,株高93厘米左右,茎色绿紫。叶色深绿,复叶大,侧小叶3～4对,排列紧密。紫花,天然结实性较弱。薯块为长椭圆形,红皮、黄肉,表皮光滑,芽眼浅少,结薯集中,薯块商品率高,休眠期长,蒸煮品味微香,适口性较好。干物质含量25.8%,淀粉含量19.9%,还原糖含量0.296%。该品种中抗晚疫病,高抗卷叶病。一般667平方米的产量2 000～2 500千克,高产可达5 000千克。

(2)适应范围及栽培要点　该品种为典型的短日照品种,在日照时间渐长的春季不能正常结薯,表现为晚熟,较适宜在一季春播马铃薯种植区种植。该品种需肥量较大,为充分发挥其增产潜力,种植时宜选择中上等肥力地块,肥料以农家肥为主,重施基肥,封行前辅以少量的磷钾复合肥。整薯播种,播种密度以3 000～3 500株/667平方米为宜。

第三章　脱毒马铃薯的繁育与应用

一、对脱毒马铃薯的认识和应用误区

脱毒马铃薯是现代生物技术的产物。目前,马铃薯脱毒种薯越来越被广泛地应用到生产中,并为马铃薯种植者所重视,在马铃薯产业发展中发挥着重要的作用。脱毒种薯的推广和应用已经成为马铃薯生产的发展趋势,但还有很大一部分种植者对马铃薯脱毒种薯的优势和潜力的认识及脱毒种薯的应用方面存在误区。

(一)对马铃薯脱毒认识方面的误区

误区一:对为什么要进行马铃薯脱毒有错误认识,认为马铃薯脱毒是去掉马铃薯中原有的毒素,甚至和马铃薯贮藏过程中见光变绿的生理变化联系起来,这是对脱毒马铃薯概念上认识的误区。

误区二:对怎样进行马铃薯脱毒有错误认识,认为脱毒的过程是利用了物理或化学的方法,解除了马铃薯病毒的作用,这是对马铃薯脱毒原理认识的误区。

误区三:对马铃薯病毒病对马铃薯生产的影响认识不足,从而对马铃薯脱毒种薯的增产潜力认识不足。

(二)对马铃薯脱毒种薯应用方面的误区

误区一:认为经过脱毒的马铃薯种薯,不仅没有病毒病的感染,而且对其他病害都有抗性,在生产中不必采取正常的防病措施,省时省力省投入,这是一种在马铃薯生产中常见的对脱毒种薯应用方面的错误的看法,这一错误看法常常会导致病害蔓延,严重影响种植者的种植效益,从而使种植者对脱毒种薯的应用产生更深的误解。

误区二:认为经过一次脱毒后,马铃薯对病毒产生抗性,不会再次感染病毒病,因而可以常年留种使用。这也是在生产实践中经常出现的对脱毒种薯应用的错误看法。

误区三:把脱毒薯作为一个品种来认识,认为只要种植脱毒薯就能够增产,忽视地域、气候的限制,忽视品种的选择,忽视种植技术和田间管理,这一误区容易导致品种选择上的失误和管理上的失误,从而影响种植效益的提高和保障。

二、正确认识和应用马铃薯脱毒种薯

针对生产实践中存在的这些误区,种植者必须从思想观念上正确认识脱毒马铃薯,在马铃薯生产中正确应用脱毒马铃薯,这样才能充分发挥马铃薯脱毒种薯的增产增效优势,从而保障马铃薯的种植效益。

(一)正确认识马铃薯脱毒种薯

1. 为什么要进行马铃薯脱毒 马铃薯是以无性繁殖为主的作物,因为用来繁育后代的种薯是水分多而且营养丰富的新鲜块茎,因此比其他谷类作物更易于受到病原的侵袭。在马铃薯生产过程中有许多病原侵染的机会,如种薯切块、催芽、播种、田间生长发育、收获、运输和贮藏等。马铃薯生产的这些特点,使其成为易于被各种真菌、细菌、病毒及其类似病原体以及各种害虫侵染的作物。真菌类和细菌类能够通过化学方法防治而解决,危害只在当代表现,病原菌不能积累造成品种退化;而病毒病目前在世界上还没有发现有较成功的化学方法来进行防治,病毒可通过种薯无性繁殖过程逐代增殖、积累,从而导致品种退化。

种植退化的种薯,在田间表现出植株变矮,枝叶丛生,生长势衰退,叶片皱缩,出现花叶、卷叶等现象,地下块茎出现变小、变形,薯皮龟裂等现象,使产量大幅度降低,同时商品性状变差,种植效益降低。马铃薯退化是马铃薯生产上长期普遍存在的问题。如果采用已经退化了的薯块做种,即使给予优良的水肥条件和先进的栽培技术,也不能获得高产。所以,防止马铃薯退化是实现高产的关键措施之一。

我国是世界上马铃薯生产大国,但由于病毒病引起的品种退化问题很长时间限制了我国各马铃薯生产区的发展,影响着种植者的种植效益,因此进行马铃薯的有效脱毒,并在马铃薯生产中广泛推广使用脱毒种薯,是发展我国马铃薯生产的关键,同时也是提高马铃薯种植效益的重要手段。

2. 充分认识马铃薯病毒病给生产带来的危害 引起马铃薯退化的最主要原因是病毒病的危害。侵染危害马铃薯的病毒有 30 多种。有 9 种是专门寄生于马铃薯上的病毒,其中在我国普遍存在且危害严重的病毒有:马铃薯 Y 病毒、马铃薯卷叶病毒、马铃薯 X 病毒、马铃薯 A 病毒、马铃薯 S 病毒(PVS)、马铃薯奥古巴花叶病毒和马铃薯纺锤块茎类病毒等7 种病毒和类病毒,尤其是马铃薯 X 病毒、Y 病毒和卷叶病毒较为普遍。

不同病毒单独侵染或复合侵染在不同品种上可引起不同的症状和产量损失。马铃薯卷叶病毒是一种马铃薯种性退化的主要病害,也是最早发现的马铃薯病毒病,在我国广泛分布,尤其是东北、西北等北方地区,造成马铃薯产量损失一般为 30%～40%,严重时可达 80%～90%。而严重感染马铃薯 Y 病毒的,产量损失可高达 80%。在我国发生的马铃薯退化,主要是由马铃薯卷叶病毒、马铃薯 Y 病毒和马铃薯 X 病毒复合侵染引起的。

3. 怎样进行有效的脱毒 为了防止退化,获得脱去病毒的马铃薯种薯,使得优良品种长期稳定地在生产中发挥作用,长久以来,各地区根据当地具体条件,曾采取了一系列保种、留种措施,如秋播留种、夏播留种、高山留种、打药防蚜、春播早收、冬季阳畦留种、三季串换轮作、实生薯利用等,取得了不少成绩,但并没有从根本上去除病毒,长期的病毒积累致使优良品种种性退化,严重限制了产量和种植效益的提高。为了从根本上解决这个问题,我国从 20 世纪 70 年代开始茎尖组织培养脱毒技术的引进研究,并在生产中广泛应用。经过 30 多年的持续研究和发展,目前这项成熟的生物技术已成为我国脱毒种薯生产的最有效的途径,并为广大马铃薯种植者带来很好的经济效益。实践证明,利用脱毒种薯增产效果显著,一般增产 30%～50%,有的甚至成倍增长。目前,以茎尖脱毒技术生产脱毒种薯,应用面积不断扩大,有逐步取代常规种薯的发展趋势。

关于茎尖组织培养生产马铃薯脱毒种薯技术的相关细节,见本章的第三小节。

4. 正确认识脱毒马铃薯的增产潜力 马铃薯是无性繁殖作物,由于病毒在体内积累而引起种薯退化。解决这一问题的最有效途径是利用以组织培养为基础的马铃薯脱毒快繁技术,生产脱毒马铃薯试管薯和微型薯,并进一步繁殖原种和脱毒种薯,解决马铃薯病毒性退化问题,同时在脱毒过程中也将其所感染的真菌和细菌病原物一并脱除,恢复原品种的特性,达到复壮的目的。脱毒种薯没有病毒、细菌和真菌病害,其生活力特别旺盛。在同等条件下种植,利用脱毒种薯可比未脱毒种薯的鲜薯产量增加 30%～50%,有的成倍增产。而未脱毒马铃薯大田留种,由于种性、气候、土壤、病害和地理位置等原因,种植以后表现极差,产量极低。所以用脱毒种薯代替退化种薯是重要增产措施。就同一个品种来说,其增产幅度大小,与下列情况有关。

第一,决定于当地对照种病毒性退化轻重。对照种退化严重的,脱毒薯增产幅度大;反之,则增产幅度小。栽培条件好的脱毒薯能充分发挥增产作用,而患病毒病的条件再好也不能高产。

第二,脱毒薯种植的年限长短。种植时间短的脱毒薯,因被病毒侵染的机会少,仍保持较高的增产水平。反之,脱毒薯种植年限长,病毒感染的机会多,病株逐渐增多,甚至有多种病毒侵染,逐渐接近未脱毒的种薯,增产幅度必然减小。

第三,脱毒薯是否因地制宜采取了保种措施。如一季作地区结合夏播留种,二季作地区结合春阳畦,晚秋播种或春季早种早收、整薯播种、喷药防虫、拔除病株等。栽培技术贯彻的好,脱毒薯能起到较长的增产作用;反之,脱毒薯也会很快发生病毒性退化,失去增产作用。

(二)正确应用马铃薯脱毒种薯

1. 种植马铃薯脱毒种薯,仍要进行必要的病害防治 脱毒种薯仅仅是通过一定的技术手段脱去了种薯携带的大部分病毒,避免了病毒病的危害,而对马铃薯的其他真菌、细菌病害并没有产生抗性,在生长期间仍要进行必要的病虫害的综合防治,避免其他病害给生产带来损失。

2. 马铃薯脱毒种薯的增产效果不是永久性的 脱毒的马铃薯只是采用生物技术手段把病毒脱去,并不能使马铃薯对病毒病产生抗性或永久的免疫性,要提高马铃薯品种对病毒的抵抗能力只有通过抗性育种获得。在脱毒苗和脱毒原种的繁殖过程中,如果不采取相应防蚜防退化措施,病毒仍会再次侵染脱过病毒的植株,因此脱毒种薯的繁育要求有严格的繁育规程和完善的种薯繁育体系。

脱毒种薯进入大田生产以后,马铃薯被病毒侵染机会更多,发生病毒性退化的可能性很大。有资料显示,脱毒后的植株退化的速度比未脱毒前该品种的退化速度更快,特别是二季作地区,有翅蚜在春、夏之交大量迁飞为害,病毒传播非常普遍,同时菜区的茄子、辣椒、番茄、黄瓜等蔬菜的病毒均可侵染马铃薯,脱毒种薯只能在当季可以达到显著的增产效果,继续留种必然会使种薯退化,造成大幅减产,严重影响效益。因此,不提倡种植者利用脱毒薯继续自行留种,要坚持每年换种,才能保证高产稳产。购买调运脱毒薯时,应了解脱毒薯繁殖代数,以免引入退化了的脱毒薯,造成减产。

3. 脱毒种薯的增产同样依赖于合理的栽培管理措施 这些措施包括品种的选择、各地区不同的综合栽培模式等。实践证明,在马铃薯种植区即使采用了脱毒种薯,但是不进行耕作方式和栽培技术的研究和改进,只按常规方法种植,脱毒良种应有的增产潜力也不能完全发挥出来。因此,既采用脱毒种薯,摒弃对脱毒马铃薯认识的误区,又注意丰产栽培技术(良种良法配套),才有可能达到脱毒马铃薯生产高产、优质、高效的目的。

三、脱毒马铃薯繁育过程

茎尖组织培养生产马铃薯脱毒种薯技术是一项集组织培养技术、植物病毒检测技术、无土栽培生产脱毒微型薯技术和种薯繁育规程为一体的综合技术,虽然这一技术体系对广大马铃薯种植者而言没有普遍推广的意义,但对这一技术体系做一简单的了解有利于对马铃薯脱毒种薯的进一步认知,因此本小节对这一技术体系作如下介绍。

(一)茎尖组织培养脱毒的原理

马铃薯的无性繁殖方式决定了马铃薯病毒可通过马铃薯块茎代代相传并积累,从而导致种薯退化。根据病毒在植株体内分布不均匀和茎尖分生组织带毒少的原理,结合使用钝化病毒的热处理方法,通过剥取茎尖分生组织进行培养获得脱毒植株。目前除了一些类病毒外,绝大多数植物病毒几乎都能通过茎尖分生组织培养的方法脱除,经茎尖分生组织培养获得的植株只有经过病毒检测确认是不带病毒的株系,才能进一步利用。对继续带病毒的株系应淘汰或进行再次脱毒。这是解决因病毒引起的马铃薯种质退化,恢复种性的有效方法。1955 年,G. Morel 和 C. Martin 通过茎尖培养,获得了无PVX、PVA 和 PVY 的马铃薯植株,以后有关技术迅速发展。

茎尖分生组织处于分化的初级阶段,此时植物体内的病毒颗粒移动到分生区的速度很慢,远不如细胞分裂的速度,因此茎尖分生组织不含病毒或含量很少。利用这一特性,加上热处理后,病毒钝化。剥取茎尖(生长点)处长度为 0.2～0.3 毫米的分生组织区只带一两个叶原基的细胞组织进行离体培养,就可以获得脱毒植株。

(二)茎尖组织培养脱毒技术

1. 脱毒材料选择 茎尖组织培养的目的是脱掉病毒,而脱毒效果与材料的选择关系很大。实践证明,同一品种个体之间在产量上或病毒感染程度上都有很大的差异。进行组织培养之前,应于生育期选择具有该品种典型性状、生长健壮的单株,结合产量情况和病毒检测,选择高产、病少的单株作为茎尖脱毒的基础材料,以提高脱毒效果。

2. 茎尖组织培养

(1)取材和消毒 剥取茎尖可用植株分枝或腋芽,但大多采用块茎发出的嫩芽。经过催芽处理的块茎在温室内播种,待幼芽长至 4～5 厘米,幼叶未展开时,剪取上段 2 厘米长的茎尖,剥去外面叶片,放入烧杯,用纱布封口,在自来水下冲洗 30 分钟,然后在超净工作台上进行严格的消毒。消毒方法是先用 75% 酒精浸 15 秒,无菌水洗 2 次;再用 5% 次氯酸钙浸泡 15～20 分钟,然后用无菌水冲洗 3～5 次,放在灭过菌的培养皿中待用。

(2)茎尖剥离和接种 在超净工作台上,将消毒好的芽置于 30～40 倍解剖镜下,用解剖针小心地剥除顶芽的小叶片,直到露出 1～2 个叶原基的生长锥后,用解剖针切取 0.1～0.3 毫米带 1～2 个叶原基的茎尖生长点,迅速接种到预先做好的培养基上。培养基一般采用 MS 配方,同时添加不同浓度的植物激素,接种前要经过高压灭菌。茎尖剥离和接种所用一切器具均应进行严格的消毒。

(3)茎尖培养 把生长点放入培养基后应置于培养室内,培养温度 20 ℃～25 ℃,光照强度 2 000～3 000 勒克斯,光照时间 16 小时/天。条件适宜的情况下,30～40 天后即可看到伸长的小茎,叶原基形成可见的小叶,此时及时将其转入无生长调节剂的培养基中。4～5 个月后即能发育成 3～4 个叶片的小苗。待小苗长到 4～5 节时,即可单节切段进行快繁,以备病毒检测。

3. 病毒检测 病毒在马铃薯体内只是在很小的分生组织部分才不存在,但实际切取时,茎尖往往过大,可能带有病毒,因此必须经过鉴定,才能确定病毒脱除与否。以单株为系进行扩繁,苗数达 150～200 株时,随机抽取 3～4 个样本,每个样本为 10～15 株,进行病毒检测。常用的病毒检测方法有指示植物检测、抗血清法即酶联免疫吸附法(ELISA)、免疫吸附电子显微镜检测和现代分子生物学技术检测等方法。通过鉴定把带有病毒的植株淘汰掉,不带病毒的植株转入基础苗的扩繁,供生产脱毒微型薯使用。以下对各种检测技术作简要的介绍。

(1)生物测定-指示植物法 生物测定是根据植物病毒在一些鉴别寄主植物(指示植物)上的特异性反应来诊断病毒种类。不同病毒在同一鉴别寄主上可能引起相似的反应,因此常用系列鉴别寄主根据接种反应的组合予以确定。在初步确定所属种类的情况下则应用枯斑寄主植物予以验证。生物测定法通常在隔离的温网室进行。基本操作是:将马铃薯叶片的汁液,通过摩擦、嫁接或昆虫接种在指示植物上,通过观察指示植物的症状反应,确定马铃薯体内有无病毒或带何种病毒。其中,摩擦接种法是最常见和简易的接种方法。

生物测定的方法目前仍然是研究植物病毒新种类和新株系的重要方法之一,早期的植物病毒研究者在这方面积累了大量的经验和试验材料,是我们今天进行检测鉴定研究的重要依据。

（2）酶联免疫吸附法　这种方法的原理是应用抗原（病毒颗粒）能够与特异性抗体在离体条件下产生专一性的反应。样品中的病毒颗粒将首先被吸附在酶联板样品孔中的特异性抗体捕捉，然后与酶标抗体反应。加入特定的反应底物后，酶将底物水解并产生有颜色的产物，颜色的深浅与样品中病毒的含量成正比，若样品中不存在病毒颗粒，试验规定的时间内将不会产生颜色反应。

酶联免疫吸附法是目前生产上通用的检测技术，但在应用的过程中应注意假阳性和假阴性反应的问题，在此基础上发展起来的快速诊断试剂盒，可在田间条件下进行检测，生产用种可用此方法进行粗略检测。

（3）电子显微技术　电子显微镜技术广泛地应用于植物病毒的检测和研究，它能直观地观察病毒粒子的形态特征。主要方法是：将病毒样品吸附在铜网的支持膜上，通过钼酸铵或磷钨酸钠负染后，在电镜下观察。也可用超薄切片的方法，将植物组织经脱水包埋、切片、染色后，在电镜下观察，可确定病毒在细胞中的存在状态，如：存在的部位和排列方式、特征性内含体（马铃薯 Y 病毒通常在细胞内形成风轮状内含体）、细胞器的病理变化、病变特征等，有助于进一步确证病毒的存在。

（4）聚合酶链式反应（PCR）　通过这一方法可将极其微量的 DNA 扩增放大数百万倍，用于 DNA 检测，极大地提高了灵敏度，理论上可检测到每个细胞分子 DNA 的水平，这一方法被广泛应用于病毒的检测鉴定中。随着 PCR 技术在植物检疫方面的应用，其检出率高、准确性高、操作方便及检疫时间短等优点已充分体现出来，在不断完善、发展 PCR 技术过程中,这一技术必将在植物鉴定检疫领域发挥出更大的作用。

4. 切段快繁 在无菌条件下,将经过病毒检测的无毒茎尖苗按单节切段,每节带 1～2 个叶片,将切段接种于培养瓶的培养基上,置于培养室内进行培养。培养温度 25℃左右,光照强度 2 000～3 000 勒克斯,光照时间 16 小时/天。2～3 天内,切段就能从叶腋处长出新芽和根。

切段快繁的繁殖速度很快,当培养条件适宜时,一般 1 个月可切繁 1 次,1 株苗可切 7～8 段,即增加 7～8 倍,1 年繁殖量 7^{10}。

5. 微型薯生产

(1)网室脱毒苗无土扦插生产微型薯 微型薯的生产一般采用无土栽培的形式在防蚜温室、防蚜网室中进行,选用的防蚜网纱要在 40 目以上才能达到防蚜效果。目前多数采用基质栽培,也有采用喷雾栽培、营养液栽培的形式生产微型薯的,但并不普遍。

在基质栽培中,适宜移栽脱毒苗的基质要疏松,通气良好,一般用草炭、蛭石、泥炭土、珍珠岩、森林土、无菌细砂作生产微型薯的基质,并在高温消毒后使用。实际生产中,大规模使用蛭石最安全,运输强度小,易操作,也能再次利用,因而得到广泛应用。为了补充基质中的养分,在制备时可掺入必要的营养元素,如三元复合肥等,必要时还可喷施磷酸二氢钾,以及铁、镁、硼等元素。

试管苗移栽时,应将根部带的培养基洗掉,以防霉菌寄生危害。基础苗扦插密度较高,生产苗的扦插密度较低,一般在400～800 株/平方米范围内较合适。扦插后将苗轻压并用水浇透,然后盖塑料薄膜保湿,1 周后扦插苗生根后,撤膜进行管理。棚内温度不超过 25℃。扦插成活的脱毒苗可以作为下一次切段扦插的基础苗,从而扩大繁殖倍数,降低成本。

(2)通过诱导试管薯生产微型薯 在二季作地区,夏季高温高湿时期,温(网)室的温度常在30℃以上,不适宜用试管脱毒苗扦插繁殖微型薯,但可以由快速繁育脱毒试管苗方法获得健壮植株,在无菌条件下转入诱导培养基或者在原瓶中加入一定量的诱导培养基,置于有利于结薯的低温(18℃~20℃)、黑暗或短光照条件下培养,半个月后,即可在植株上陆续形成小块茎,1个月即可收获。试管薯虽小,但可以取代脱毒苗的移栽。这样就可以把脱毒苗培育和试管薯生产,在二季作地区结合起来,一年四季不断生产脱毒苗和试管薯,对于加速脱毒薯生产非常有利。

在实验室中,获得的马铃薯脱毒试管薯,其重量一般在60~90毫克,外观与绿豆或黄豆一样大小,可周年进行繁殖,与脱毒试管苗相比,更易于运输和种植成活。但是用试管诱导方法生产脱毒微型薯的设备条件要求较高,技术要求较复杂,生产成本较高,因此该技术仅适用于有一定设备条件的科研院所用来生产用于研究的高质量种薯,而生产用于大面积推广繁殖的脱毒微型薯,则以无土栽培技术较为适用。

(三)脱毒种薯繁育体系

脱毒微型薯生产成本高,个体较小,数量有限,尚不能直接用于生产,而要进入马铃薯种薯繁育体系进一步的扩繁。马铃薯良种繁育体系的任务,除防止良种机械混杂、保持原种的纯度外,更重要的是在繁育各级种薯的过程中,采取防止病毒再侵染的措施,源源不断地为生产提供优质种薯。根据气候条件,马铃薯良种繁育体系大致可分为北方一季作区和中原二季作区2种类型。

1. 北方一季作区 该区是我国重要种薯生产基地,其良种繁育体系一般为5年5级制。首先利用网棚进行脱毒苗扦插生产微型薯,一般由育种单位繁殖;然后由原种繁殖场利用网棚生产原原种、原种;再通过相应的体系,逐级扩大繁殖合格种薯用于生产。在原种和各级良种生产过程中,采用种薯催芽、生育早期拔除病株、根据有翅蚜迁飞测报早拉秧或早收等措施防止病毒的再侵染,以及密植结合早收生产小种薯,进行整薯播种,杜绝切刀传病和节省用种量,提高种薯利用率。

2. 中原二季作区 中原二季作区由于无霜期短,可以利用春、秋两季进行种薯繁殖。一般有2种繁育模式:一种是春季生产微型薯,秋季生产原原种的2年4代的繁育模式;另一种是秋季生产微型薯,第二年春季生产原原种的3年5代的繁育模式。应当强调的是,在中原二季作区繁育体系中原原种的繁育要严格地在40目网室中生产,在原种和各级种薯繁殖过程中,为了保证种薯质量,根据蚜虫迁飞规律,春季应采用催大芽、地膜覆盖、加盖小拱棚等措施早播早收,避开蚜虫迁飞高峰,秋季适当晚播,避开高温多雨天气,同时制定严格的防蚜防病和拔除杂株等规程,防止病毒的再侵染,确保种薯质量。

四、如何选择脱毒马铃薯种薯

马铃薯鲜薯市场、加工薯市场、种薯市场的巨大需求拉动了马铃薯种植业的迅猛发展,脱毒种薯由于显著的增产增收效果,受到马铃薯种植户的欢迎,使得各生产区对脱毒种薯的需求急剧增加。各地区科研院所、种子公司纷纷建立自己的脱毒种薯繁育体系,以满足市场对脱毒种薯的需要。但由于一些繁种基地缺乏种薯生产技术和相关知识,一户多品种生产和农户自留种现象严重,出现品种混杂、级别混乱等现象,同时,由于脱毒种薯价格较高,一些不法经销商和不负责的种薯基地以次充好,甚至用商品薯充当脱毒种薯抬高价格出售,以获得高额利润。所有这些现象严重影响了马铃薯脱毒种薯的推广应用,给马铃薯的种植者带来很大的收益损失,给生产带来不良影响。

目前,我国还没有统一的马铃薯种薯生产质量标准和质量检测体系。与国外相比,我国马铃薯产业起步较晚,一些必要的行业标准和法规还没有建立,即使有标准,也没有专门的法定的质量监督和控制部门来执行相应的标准。由于马铃薯的商品薯与种薯从外观上没有严格的区分标准,目前马铃薯的种薯市场混乱不堪,因种薯质量引起的纠纷越来越多。种薯质量控制,由挂靠在各研究单位的"国家农业部种薯检测中心"进行种薯检测,但并没有法律条文规定必须检测,而国外法律明文规定种薯须经检测才能上市。目前我国正在制定与马铃薯行业相关的标准和法规。

面对这样暂时没有有序管理的种薯市场,种植者购买种薯时更应当慎重选择。脱毒种薯与常规种薯和商品薯在外观上没有区别,而脱毒种薯又有级别之分,级别越高种性越好,其增产效果越明显。因此,脱毒种薯的真伪与好坏很难辨别。种植者在购买脱毒种薯前,要对种薯的特性、来源及级别作充分的了解,关键原则是选择技术水平高、基础设备完善、繁育体系健全、售后技术服务到位的科研院所和正规单位提供的种薯。在购买后要严格按照脱毒种薯的栽培技术进行管理,并根据种薯级别和退化情况及时换种,确保脱毒马铃薯的增产效果,提高马铃薯的种植效益。

第四章 马铃薯栽培技术

我国马铃薯种植区域十分广阔,全国各地都有栽培,主要栽培是在北方冷凉地区和西南山区。因为各地区气候条件的差异,形成了南北中不同的栽培模式,根据各地马铃薯栽培耕作制度、品种类型及分布的多年资料,结合马铃薯的生物学特性,同时参照地理状况、气候条件和气象指标,我国马铃薯种植区域可划分为北方一季作区,中原二作区,南方二作区和西南单双季混作区。本书着重对北方一季作区、中原二季作区、南方二季作区主要栽培技术分别作介绍,西南单双季混作区栽培方式可参考北方一季作区、中原二作区、南方二作区的不同栽培模式,在此不再赘述。

一、马铃薯栽培技术存在的误区

马铃薯为宜粮宜菜作物,长期以来被认为简单易种,因此在栽培技术和栽培管理方面比较粗放、简单,尤其在广大的北方主栽区,这种观念长期影响着马铃薯单产的提高。近几年,随着马铃薯产业的发展,种植者越来越意识到配套合理的栽培技术和管理技术是提高种植效益的关键,也就是说,良种配良法才能实现种植效益的最佳提高,优良的品种和良好的种性是提高产量和产值的基础,而科学到位的栽培管理是实现高种植效益的保证。如何做到科学到位的栽培管理,就需要总结经验教训,走出误区,按照正确的栽培管理方法进行有效的生产。

（一）轮作换茬的误区

误区一：合理选择茬口对马铃薯种植效益的提高有着重要的意义，这一点已为广大种植者所认可。但在实际生产中，由于有些种植者对马铃薯的科属和马铃薯对肥料的需求情况认识不清，而造成在茬口选择上的错误，引起严重病害，严重减产的事例常有发生。因此，要了解马铃薯的科属，避免同科属的作物连作。同时也要了解马铃薯对各类肥料的需求情况，在不同的栽培区域，选择适宜的前茬，能够有效的避免病虫害，获得合理的土壤养分供应，保障产量潜力的发挥。

误区二：错误地认为轮作对马铃薯效益的提高意义不大。实践证明，马铃薯是对轮作非常敏感的作物，合理的轮作，可以有效地保障产量，避免土壤病虫害。4 年以上的连作，虽然增加施肥量，也会发生严重减产，同时土壤病虫害会加重。因此，种植者要走出误区，重视轮作，根据不同栽培区域和各自的实际情况，合理轮作。

（二）土壤选择的误区

误区一：没有认识到土壤类型对马铃薯商品性状和产量的影响而造成效益的降低。马铃薯的最终产品马铃薯块茎是生长在地下的，因此不同类型的土壤性质，直接影响到马铃薯的商品性状、品质和产量形成，尤其目前马铃薯的生产越来越走向规模化生产，在选择大面积生产基地时尤其要重视土壤的选择，要根据种植目的选择土壤类型，同时根据土壤性质的不同，采取相对应的管理措施，以保证产量。一般鲜薯的生产适合选择砂壤土和沙土，生产出的马铃薯表皮整洁光滑，薯形规则，商品率高；淀粉加工薯的生产不适合选择黏土，以免降低淀粉的含量,影响加工品质;种薯的生产对土质的要求比较低。

误区二:没有认识到土壤酸碱度对马铃薯商品性状和产量的影响。土壤酸碱度因为是不能简单通过目测,而需要检测才能获知的土壤指标,因此常常被种植者忽视,往往出现问题以后才被重视。合适的做法是在栽培马铃薯前应该对种植土壤的酸碱度有所了解,因为马铃薯较适宜的 pH 值在 5～5.5 之间,在 4.8～7 之间能够正常生长,超过 7 时,则会因为碱性太大而严重减产。同时有资料显示,碱性土壤种植马铃薯容易发生疮痂病,影响马铃薯商品性状,也会影响到马铃薯淀粉的形成。

(三)种薯催芽的误区

误区一:不催芽播种,这是生产中较常见的错误做法,各栽培区都常有发生,认为催芽过程较复杂,直接播种操作简便,不会影响到种植效益。马铃薯收获后进入休眠期,而度过休眠期的马铃薯才能正常发芽生长。如果不经过催芽,直接播种黑暗冷藏的种薯,容易出现出苗缓慢,发芽幼嫩容易烂苗缺棵。通常春季不催芽直接播种的马铃薯要比经过催芽后播种的马铃薯晚出苗 10～15 天,而且出苗不整齐,这样会影响到熟期,不能保证早上市以获得最佳效益;二季栽培区秋季播种春季生产种薯时,更应采取浸种催芽的措施才能保证齐苗。催芽的方式有很多,要根据不同栽培区域、不同栽培模式、不同品种选择适当的催芽方法。

误区二:催芽不需要见光,这是在催芽过程中经常发生的错误认识。长期黑暗催芽往往导致催出的芽细高、脆嫩,播种过程中极易损芽,尤其是大规模机械播种时,伤芽损芽严重,播种后容易二次发芽，影响正常发育，而且这样的芽出土后的表现也极其瘦弱。正确的做法是催芽前期可在黑暗或散光条件下进行，当芽长 1～2 厘米时，应及时见散光，避免直晒，使嫩芽变绿、变粗壮后进行播种。

（四）种薯切块的误区

误区一：对切块大小的错误认识。一种认识认为"母大子肥"，切块越大越好；另一种认识是为了节省种薯，认为切块越小越好。这两种认识都有偏颇，要加以避免。种薯切块太大，浪费种薯，增加投入；种薯切块太小，播种后极易烂薯，出苗瘦弱。一定要根据本章后一节提供的正确切块方法，恰当切块。

误区二：切刀不消毒。这种错误的做法容易导致块茎病害的传播和蔓延，因此一定要重视切刀的消毒。

（五）施肥的误区

误区一：认为氯化钾不能作为钾肥在马铃薯上使用。马铃薯是喜钾作物，生产上一般认为施用硫酸钾效果最好。氯化钾虽然价格便宜，含钾量高，但考虑到氯化钾中的 Cl^- 会影响马铃薯的品质，因此认为氯化钾不能作为钾肥在马铃薯上使用。这个认识有所偏颇。因为氯化钾中的 Cl^- 也是马铃薯体内不可缺少的重要营养元素之一，它与磷以总量平衡的关系在马铃薯体内存在。其中磷多了，氯就会少；氯多了，磷就会少。磷的减少会影响到马铃薯淀粉的形成，因此认为多施氯化钾会影响马铃薯的品质。其实，在磷肥充足的情况下，马铃薯自然不会过量吸收氯，同时生物都有自我调节能力，对土壤中的氯和磷会平衡吸收，因此适量施用氯化钾作为钾肥，对马铃薯的正常生长发育是没有问题的。

误区二：目前生产上对磷肥重视不够,甚至错误的认为磷肥作用不大,可施可不施,可多施也可少施,致使影响了马铃薯产量的提高。磷肥在马铃薯需肥三要素中比重虽不高,但其作用是不可忽视的,对马铃薯正常发育和产量形成起着极其重要的作用。磷肥最大的特点是施入土壤中常易形成难溶解的磷酸盐类,当年利用率非常低,据测定只有 0.7%～17.6%,所以施用量要大。磷肥一定要做基肥施用,要早施、施在种薯附近,不能与种薯隔开施用,可与腐熟的有机肥或腐殖酸肥混合施用。

误区三：只重视化肥的施用,忽视了农家有机肥的作用。长期只施化肥不施有机肥,会导致土壤板结,土壤环境变劣,影响马铃薯根系的生长和块茎的膨大,同时会引起马铃薯块茎的商品性状下降。实践证明,同样的管理条件,同样的土壤条件,施用有机肥的马铃薯要比不施有机肥的马铃薯薯块正常,表皮光滑。因此,在马铃薯生产中要提倡有机肥的大量使用。

(六)水分管理的误区

误区一：马铃薯是需水较多但抗旱能力也较强的作物,因为它的抗旱性,致使不少地区、不少种植者甚至一些农业科技工作者,都误认为马铃薯是不需要大量水分的,甚至认为是不需要灌溉的作物,这是我国马铃薯产量长期不能大幅度提高的重要原因之一。

误区二：马铃薯对水分的需要是连续不断的,要在马铃薯的各生育期保持土壤湿润,才能保证马铃薯的正常生长发育和产量的形成。但在生产实践中,常常发生水分管理的不均衡、不连续的情况,特别是在马铃薯块茎形成和膨大期,一旦水分供应不均衡,大干大旱,会使马铃薯块茎停止生长,形成畸形块茎;另一方面,大干大旱后再进行浇灌,还会引起马铃薯块茎出现大量裂薯。这两种情况都会造成严重减产和商品率下降,同时也势必造成效益的巨大损失,因此要引起重视,并加以避免。

误区三:马铃薯虽然是需水较多的作物,但水分管理要均衡有度。生产中由于过量灌水造成马铃薯减产效益降低的情况也时有发生,尤其在马铃薯生育后期,雨涝或湿度过大会造成薯块腐烂和不耐贮藏,同时薯块商品性状下降,给生产造成损失,这也是应当注意并应避免发生的问题。

二、北方一季作区马铃薯栽培技术

北方一季作区包括黑龙江、吉林二省和辽宁省除辽东半岛以外的大部地区;内蒙古自治区、河北省北部、山西省北部;宁夏回族自治区、甘肃省、陕西省北部;青海省东部和新疆维吾尔自治区天山以北地区。即从昆仑山脉由西向东,经唐古拉山脉、巴颜喀拉山脉,沿黄土高原海拔 700~800 米一线到古长城为该区南界。

该区的气候特点是:无霜期短,一般多在 110~170 天之间,年平均温度不超过 10℃,最热月份平均温度不超过 24℃,最冷月份平均温度在 -8℃~-28℃之间,≥5℃积温在 2 000℃~3 500℃之间,年雨量 50~1 000 毫米,分布很不均匀,东北地区的西部、内蒙古自治区东南部及中部狭长地带、宁夏回族自治区中南部、黄土高原西北部为半干旱地带,雨量少而蒸发量大,干燥度在 1.5 以上,东北中部和黄土高原东南部则为半湿润地区,干燥度多在 1~1.5 之间;黑龙江省的大小兴安岭山地的干燥度只有 0.5～1。由于该区气候凉爽,日照充足,昼夜温差大,故适于马铃薯生育,栽培面积约占全国50%以上,该区也是我国重要的种薯生产基地。

该区马铃薯生产为一年一熟,生长期多为 5～9 个月,为春播秋收的夏作类型,一般 4 月下旬或 5 月初播种,9 月下旬或 10 上旬收获,适于种植中熟或晚熟的休眠期长的品种,但也要搭配部分早熟品种以供应城郊蔬菜市场或加工原料或外调种薯的需要。

该区栽培方式有垄作和平作 2 种。在平原地带适宜机械化栽培。

该区春季增温快,秋季降温快。增温快则土壤蒸发强烈,容易形成春旱;降温快则霜冻早,晚熟品种或收获晚时易受冻害。

根据该区的气候特点,栽培方面要注意做到:选择较抗旱耐瘠的中晚熟或晚熟且休眠期长的品种,秋季深耕细耙保墒,施足基肥,适时播种,播后糖实保墒,早中耕培土,分次中耕培土,及时防治晚疫病等病害,建立完整的脱毒种薯繁育体系,并加强对种薯田的栽培管理,特别是要做好种薯田晚疫病、环腐病、黑胫病、蚜虫等的防治工作,以进一步提高种薯质量。

(一)北方一季作区栽培技术

1. 轮作换茬 为了经济有效地利用土壤肥力和预防土壤和病株残体传播的病虫害及杂草,马铃薯应实行 3 年以上轮作。马铃薯轮作当中,不能与茄科作物、块根、块茎类作物轮作,因为这类作物多与马铃薯有共同的病害和相近的营养类型。在大田栽培时,马铃薯适合与禾谷类作物轮作。以谷子、麦类、玉米等茬口最好,其次是高粱、大豆。在城市郊区和工矿区作为蔬菜栽培与蔬菜作物轮作时,最好的前茬是葱、芹菜、大蒜等。茄果类的番茄、茄子、辣椒以及白菜、甘蓝等蔬菜,因多与马铃薯有共同的病害,一般不宜与这些作物接茬。马铃薯是中耕作物,经多次中耕作业,土壤疏松肥沃,杂草少,是多种作物的良好前茬。

2. 深耕整地　马铃薯是地下结块茎作物,为获得高产,必须使土壤中水、肥、气、热等条件良好,土壤疏松,通透性好。深耕整地是调节土壤中水、肥、气、热的有效措施。深耕的时间有秋耕和春耕。马铃薯地宜秋深耕,并结合秋施肥、冬汇地和三九磙地,播前精细耙糖多次,这样不仅可以促进土壤熟化,提高地温,消灭病虫和杂草,同时也能提高土壤的透气性和保肥蓄水能力。在前茬作物收获后,及时进行深翻,翻地深度一般以 15～20 厘米为宜。入冬前有条件的地方,要灌水蓄墒,兼有防治病虫害的明显效果。此外,冬前灌水也避免了因早春灌水造成的低温影响。

近年来在机械化程度较高的黑龙江省,推广了深松耕法,利用机引深松铲,上翻 15～18 厘米,下松 25～30 厘米。实践证明,深耕整地是马铃薯增产的重要一环。

3. 深施基肥和种肥　马铃薯是高产喜肥作物,每生产 500 千克块茎需要的氮、磷、钾总量,略高于谷子、燕麦、玉米、高粱等作物。北方一季作区大部分土壤中腐殖质缺乏,氮、磷、钾等元素不能满足马铃薯生长发育的需要。因此,增施有机肥料和适量的化肥,是提高马铃薯产量的关键措施。

马铃薯施肥应以有机肥为主,化肥为辅;基肥为主(应占需肥总量的 80% 左右),追肥为辅。施肥方法分基肥、种肥和追肥三种。

(1)基肥　结合秋耕整地施入优质有机肥。基肥充足时,将 1/2 或 2/3 的有机肥结合秋耕施入耕作层,其余部分播种时沟施。基肥用量少时,集中施入播种沟内。每公顷施用量为15~30 吨。

(2)种肥 该区普遍使用农家肥、化肥或农家肥与化肥混合做种肥。有机肥做种肥,必须充分腐熟细碎,顺播种沟条施或点施,然后覆土。一般每公顷施腐熟的羊粪或猪粪15~22.5 吨。化肥做种肥,以氮、磷、钾配合施用效果最好。实践证明,合理配比的混合施肥,均较单施磷酸二铵、尿素或硫酸钾增产 10%左右。例如:每公顷用尿素 75~150 千克,过磷酸钙450~600 千克,草木灰 375~750 千克,或硫酸钾 375~450千克;或用 300 千克磷酸二铵加 75 千克尿素(或 150 千克碳酸氢铵);或用 105 千克三料磷肥加 75 千克尿素(或 150 千克碳酸氢铵)做种肥,结合播种条施或点施在两块种薯之间,然后覆土盖严,均能达到投资少、收入高的经济效益。施用种肥时应拌施防治地下害虫的农药。

4. 选用优良品种和优质脱毒种薯 选用优良品种,首先要以当地无霜期长短、耕作栽培制度、栽培目的为依据。北方一季作区幅员辽阔,自然气候较复杂。为了充分利用生长季节和天然降雨,要因地制宜地选择耐贮藏的中熟或中晚熟品种;还应适当搭配部分早熟或中早熟品种,以适应早熟上市或间、套作与复种的要求,或供应二季作地区所需种薯的要求;作为淀粉加工原料时应选择高淀粉品种;作为炸薯条或薯片原料时应选择薯形整齐、芽眼少而浅、白肉、还原糖含量低的食品加工专用型品种。其次应根据当地生产条件、栽培技术选用耐旱、耐瘠或喜水肥抗倒伏的品种。再次应根据当地主要病害发生情况选用抗病性强、稳产性好的品种。

不管何种品种做何用途,均应选用优质脱毒种薯。生产实践证明,采用优质脱毒种薯,一般可增产30%,多者可成倍增产。

目前一季作区的主栽品种较多,各地区可根据本地区自然条件和生产水平,以及栽培目的等选用适宜的品种。

5.播种

(1)播前种薯准备 做好种薯出窖与挑选。种薯出窖的时间,应根据当时种薯贮藏情况、预定的种薯处理方法以及播种期等三方面结合考虑。

如果种薯在窖内贮藏的很好,未有早期萌芽情况,则可根据种薯处理所需的天数提前出窖。采用催芽处理时,须在播前40～45天出窖。如果种薯贮藏期间已萌芽,在不使种薯受冻的情况下,尽早提前出窖,使之通风见光,以抑制幼芽继续徒长,并促使幼芽绿化及稍稍萎蔫坚韧,以减轻碰伤或折断。

马铃薯块茎形成过程中,由于植株生理状况和外界条件的影响,不同块茎存在着质的差异。因此,种薯出窖后,必须精选种薯。选择具有本品种特征,表皮光滑、柔嫩,皮色鲜艳,无病虫、无冻伤的块茎作为种薯。凡薯皮龟裂、畸形、尖头、皮色暗淡、芽眼凸出、有病斑、受冻、老化等块茎,均应坚决淘汰。如出窖时块茎已萌芽,则应选择具粗壮芽的块茎,淘汰幼芽纤细或丛生纤细幼芽的块茎。

催芽。刚出窖的块茎,有时处于被迫休眠状态,若立即播种,往往出苗缓慢而不整齐,因此必须进行催芽晒种。催芽晒种可促进种薯解除休眠,缩短出苗时间,促进生育进程,淘汰感病薯块。

催芽的常用方法:

一是出窖时若种薯芽长已至1厘米左右时,将种薯取出窖外,平铺于光亮室内,使之均匀见光,当芽变绿时,即可切块播种。

二是层积催芽。将种薯与湿沙或湿锯屑等物互相层积于温床、火炕或木箱中,先铺沙 3～6 厘米厚,上放一层种薯,再盖沙没过种薯,如此每 3～4 层后,表面再盖 5 厘米左右厚的沙,并适当浇水至湿润状况。以后保持 10℃～15℃ 和一定的湿度,促使幼芽萌发。当芽长 1～3 厘米并出现根系,即可切块播种。

三是室内催芽。将种薯置于明亮室内,平铺 2～3 层,每隔3～5 天翻动 1 次,使之均匀见光,经过 40～45 天,幼芽长至1～1.5 厘米,再严格精选 1 次,堆放在背风向阳地方晒 5～7天,即可切块播种。如果幼芽萌发较长但不超过 10 厘米,也可采用此法而不必将芽剥掉,芽经绿化后,失掉一部分水分变得坚韧牢固,切块播种时稍加注意,即不致折断。

四是室外催芽。拟在翌春计划种植马铃薯的田间地边(或庭院内外),选择背风向阳的地方,入冬前挖若干个长 8 米、宽1 米、深 0.8 米的基础催芽床。播种前 20～25 天,将已挖好的基础催芽床整修成长 10 米、宽 1.5 米、深 0.5 米的催芽床。床底铺半腐熟的细马粪 3 厘米,再铺细土 2 厘米,将选好的种薯放入床内,一般放置 4～5 层,每床约放 750 千克种薯,种薯上面盖细土 5 厘米,再盖马粪 30～35 厘米,然后用塑料布覆盖,四周用湿土封闭。约经 15 天即可催出 0.2～0.5 厘米的短壮芽,再从床内将种薯取出放在背风向阳处,晒种 5～7 天,即可切块播种。

种薯切块。切块种植能节约种薯,降低生产成本,并有打破休眠、促进发芽出苗的作用。但采用不当,极易造成病害蔓延。切块时应特别注意选用健康的种薯。切块大小要适当,若生产技术水平较高,投入多,则可切的块大一些,相反可切的小一些。一般以不小于 20～30 克为宜。每个切块带 1～2 个芽眼，便于控制密度。单作每公顷用种量 2 250 千克，间套作每公顷用种量 1 500～1 800 千克。

切块时，若种薯比较小，应采取自薯顶至脐部纵切法，将每个块茎切成 2 块或 4 块，使每一切块都尽可能带有顶部芽眼，以充分利用块茎的顶端优势；若种薯大时，切块时应从脐部开始，按芽眼排列顺序螺旋形向顶部斜切，最后再把顶部一分为二。切到病薯时应进行切刀消毒。消毒方法常用 75% 酒精反复擦洗切刀或用沸水加少许盐浸泡切刀 8～10 分钟，或用 3% 来苏儿水浸泡切刀 5～10 分钟进行消毒。最好随切随种，也可在播种前 1～2 天进行，不可过早切种，以防失水萎蔫造成减产。切好的薯块稍经晾晒即可播种，也可将切块拌上草木灰，使伤口尽快愈合，防止细菌感染，同时又具有种肥的作用。但在盐碱地上种植时，不可用草木灰拌种。还可用滑石粉或滑石粉加 4%～8% 的甲基托布津均匀拌种，避免切块腐烂。

小整薯做种。若种薯小，可采用整薯播种，能避免切刀传病，减轻青枯病、疮痂病、环腐病等病害的发病率，能最大限度地利用种薯的顶端优势和保存种薯中的养分、水分，抗旱能力强，出苗整齐健壮，生长旺盛，结薯数增加，增产幅度可达 17%～30%。此外，还可节省切块用工和便于机械播种，还可利用失去商品价值的幼嫩小薯。整薯的大小，一般以 20～50 克健壮小整薯为宜。在北方一季作区粗放的旱田栽培条件下，整薯播种不失为一项经济有效的增产措施。

（2）播种期 北方一季作区，一般应根据下列原则确定播种期：

一是把块茎形成期和块茎增长期安排在适宜块茎形成和

块茎增长的季节,即 7~8 月份平均气温在 17℃~21℃以内,每天日照时数不超过 14 小时,并有充足的降雨,即应把块茎形成期和块茎增长期安排在当地的雨季。

二是播种后土壤温度、水分能满足种薯发芽出苗的需要,而且出苗后不会受晚霜危害,秋霜降临前又能够成熟。

三是适宜的播种期还应考虑品种生育期的长短、栽培的目的以及栽培制度等。

该区无霜期短,春季风沙大且干旱,降水量多集中在 7~8 月份。主栽品种多为中熟或中晚熟品种。适当早播有利于早出苗、早结薯、早成熟,避免秋霜危害。当 10 厘米土温稳定在 10℃~12℃时,就是该区适宜的播种期,一般 4 月下旬至 5 月上旬播种完毕比较适宜。

(3)播种方法 马铃薯为中耕作物,因块茎在地表下膨大形成,故适于垄作形式。在高寒阴湿、土壤黏重、地势低洼、生育期间降雨较多的东北地区、宁夏回族自治区南部、新疆维吾尔自治区的天山以北各地均采用垄作。根据播种后薯块在土层中所处的位置,大体上可把垄作播种方法分为三大类:

一是播上垄,把种薯播在垄台上或是与地面相平处。在涝害出现频率高的地区或是易涝地块应采用此法。

二是播下垄,把种薯种在垄沟内。在岗地、高亢地块,春旱出现频率高的地方,或因早熟栽培收获期较早,不受涝害威胁的情况下,采用此法。

三是平播后起垄,在上年秋翻秋耙平整的地块上,一般可采用平播后起垄的播种方法,这种方法也可分播上垄和播下垄两种。目前在东北地区和内蒙古自治区东部地区多采用双行播种机播种、施肥、覆土、起垄同时进行。行距 65 厘米。

在我国华北、西北大部分地区,生育期间气温较高,雨量少,蒸发量大,又缺乏灌溉条件,多采用平作栽培形式。在秋耕耙耱的基础上,播种时先开出10~15厘米深的播种沟,点种施肥后覆土。一般行距50厘米左右,播后耱平保墒。

播种后覆土厚度应视气候、土壤条件、种薯大小而定,过深过浅都不适宜,一般为7~8厘米。小薯块做种或在黏重而潮湿的土壤上应适当浅播;大薯块做种或在砂壤土上播种,或春旱严重时,可酌情增加覆土厚度并结合耱实,但不能超过14厘米。

6. 合理密植

(1)马铃薯的产量结构　马铃薯的产量是由单位面积上的株数与单株结薯重量构成。单位面积上的株数是由种植密度决定的,而单株结薯重量则是由单株结薯数和平均薯块重量决定的,单株结薯数又是由单株主茎数和平均每主茎结薯数决定的。单位面积产量具体可用下式表示:

每公顷产量＝每公顷株(穴)数×单株(穴)结薯重

式中单株结薯重＝单株结薯数×平均薯块重;单株结薯数＝单株主茎数×平均每主茎结薯数。

由上述马铃薯的产量构成因素可看出,单位面积上主茎数多,平均每主茎上结薯数多和平均薯块重量大,则单位面积上块茎产量也高。

(2)合理密植增产的原因　密度是构成马铃薯产量的基本因素,增加种植密度,可使单位面积上的株数和茎数增加,结薯数增加。因此,在密度偏低的情况下,增加密度可有效地提高单位面积上的产量,但在密度过大时,单株性状过度被削弱,产量和商品薯率反而会降低。合理密植在于既能发挥个体植株的生产潜力,又能形成合理的田间群体结构,达到理想的叶面积指数,从而有利于光合作用的进行和群体干物质的积累,进而获得单位面积上的最高产量。

（3）合理密植的原则　马铃薯合理密植应依品种、气候、土壤、栽培措施及栽培方式等条件而定。晚熟品种或单株结薯数多的品种、整薯或切大块做种、土壤肥沃或施肥水平高、高温高湿地区或有灌溉条件的地区等,种植密度宜稍稀;反之,早熟品种或单株结薯数少的品种、种薯切块较小、土壤瘠薄或施肥水平低、干旱低温地区或无灌溉条件的地区等,由于单株生长量不够,株小叶面积小,均不利于发挥单株生产潜力,种植密度宜适当加大,靠群体来提高产量。在实际生产中,可根据适宜的叶面积指数来确定合理的密度。据国内外试验结果表明,适宜的叶面积指数在 3.5～4.5 范围。确定好叶面积指数后,即可用所栽培品种的单株叶面积按下面公式计算出每公顷适宜的株数。

　　每公顷株数＝叶面积指数×10000/单株叶面积（平方米）

　　单株叶面积一般早熟品种为 0.3～0.5 平方米,中晚熟品种为 0.5～0.7 平方米。

（4）马铃薯适宜的密度范围　在目前生产水平下,北方一季作区大部分地区种植中熟或中晚熟品种,在水浇地上每公顷以 54 000～67 500 株为宜,旱地每公顷以 67 500～75 000 株（穴）为宜。在相同种植密度下,采用大垄双行、宽窄行和放宽行距、适当增加每穴种薯数的方式较好,有利于田间通风透光,提高光合强度,使群体和个体协调发展,从而获得较高产量。大垄双行的垄距为 80 厘米,双行间距 25 厘米,株距 23～25 厘米,每公顷种植 54 000～78 000 株（穴）。宽窄行的宽行距 70 厘米,窄行距 30 厘米,株距 30 厘米,每公顷种植 54 000 株（穴）左右。等行距方式种植的行距 50 厘米,株距 35～40 厘米,每公顷种植 50 000～57 000 株（穴）。

7. 田间管理

（1）苗前管理　北方一季作区马铃薯从播种到幼苗出土需30天左右的时间。这期间气温逐渐上升，春风大，土壤水分蒸发快，地表极易板结，田间杂草大量滋生，如不及时采取措施，就会影响种薯正常发芽，幼苗出土缓慢而不整齐，或发生烂种缺苗现象。故应针对具体情况，采取相应的苗前管理措施。

东北和内蒙古自治区东部垄作地区，由于播种时覆土厚，土温升高较慢，可在幼苗尚未出土时，进行苗前耢地，将垄顶覆土耢掉一部分，以减薄覆土，提高地温，减少土壤水分蒸发，促使出苗迅速整齐，兼有除草作用。结合苗前耢地，对行间进行人工锄草或用中耕器进行1次行间松土，则能灭除行间杂草，防止土壤水分蒸发，促进幼苗根系发育。平作栽培地区，在出苗前应进行"闷锄"或闷耙，其作用与上相同。耢地和闷锄均应掌握适宜的时间和深度，切勿碰断幼芽。一般在出苗前5～7天进行，深度以不超过2～3厘米为宜。

（2）查苗补苗　田间缺苗对马铃薯产量和品质影响甚大。据试验，行内缺苗1株时，两侧相邻的植株，由于营养面积的扩大，约可以补偿缺株损失的50%；连续缺株2株以上，形成断垄时，则影响产量更大，因其两侧植株由于营养面积的扩大而提高的产量，远不足以弥补因缺苗造成的损失。据调查，缺苗20%时减产23.8%，缺苗30%时减产24.3%。缺苗断垄还会因缺苗处两侧植株营养面积的扩大而造成块茎空心。因此，当幼苗基本出齐后，即应进行查苗补苗。检查缺苗时，应找出缺苗原因，采取相应对策补苗，保证补苗成活。如因病造成薯块已经腐烂，在补苗时应把烂薯连同周围的土壤全部挖除，带到田外深埋，以免感染新补栽苗。

马铃薯补苗的方法很简单,在缺苗附近的垄上找出一穴多茎的植株,将其中1个苗茎带土挖出移栽,原穴用湿土培好;要随挖随栽,栽时使苗根与湿土相接,保留顶梢2~3个叶片。如特别干旱,可坐水移栽。另外,也可将播种后多余的种薯埋于田间地头,待田间出苗时,这些种薯也同时发根出苗,作为补苗用更为方便,也更易成活。

(3)中耕除草和培土 中耕松土,使结薯层土壤疏松通气,利于根系生长、匍匐茎伸长和块茎膨大。齐苗后要及早进行第一次中耕,深度8~10厘米,并结合除草。10~15天后进行第二次中耕除草,宜稍浅。现蕾开花初,进行第三次中耕,宜较第二次更浅。后两次中耕除草应结合培土进行,第一次培土宜浅,第二次稍厚,并培成"宽肩垄",总厚度不超过20厘米,以增厚结薯层,避免薯块外露而影响产量和品质。目前东北地区和内蒙古自治区东部等垄作地区多采用65厘米行距的中耕培土器进行中耕培土。

(4)追肥 田间营养诊断是确定追肥的重要依据。马铃薯的看苗诊断,除观察田间植株的长相外,目前营养诊断多以倒数第四片叶(即充分展开的一片幼龄叶子)叶柄中的氮、磷、钾含量作为诊断指标。生育前期、中期和后期倒数第四片叶叶柄干物质中硝态氮的含量分别在8 000~12 000毫克/千克、6 000~9 000毫克/千克和3 000~5 000毫克/千克的范围内,表示氮素营养正常;若低于下限或超过上限则应追施氮肥或控制氮肥。

马铃薯从播种到出苗历时较长,有灌溉条件的地方,出苗后要尽早追施苗肥,以促进幼苗迅速生长。块茎形成期结合培土追施1次结薯肥。一般应以氮肥为主,适当配合磷肥;用量多少应视植株长势和长相而定。开花以后一般不再追肥,若后期表现脱肥早衰现象,可用磷、钾肥或结合微量元素进行叶面喷施,以延长叶片的功能期,增加物质积累,对提高产量和品质亦有重要作用。

北方一季作区马铃薯旱作栽培面积很大,由于生育期间雨量少,又无灌溉条件,追肥效果常不理想。一般采用播种时一次施足基肥和种肥的方法,生长期间可不再进行追肥。如需追肥时,应于块茎形成期结合培土追施 1 次结薯肥。每公顷追施尿素 150 千克左右。

(5)灌溉和排水 马铃薯苗期植株较小,耗水不多,但该期常较干旱,有条件的应早灌苗水,对幼苗生长和块茎形成都十分有利。块茎形成至块茎增长期,是马铃薯一生中生长最为旺盛的时期,需水量最多,如土层干燥,应及时灌溉,使土层经常保持湿润状态,便于块茎形成和迅速膨大。该期水分不足,会使块茎膨大受阻,而且还会形成畸形的链薯、子薯,造成产量不高,块茎质量下降。生育后期茎叶生长基本停止,气候转凉,需水量逐渐减少,但若过度干旱,也需适当轻灌。收获前 10～15 天应停止灌水,以促使薯皮老化,有利于收获和贮藏。机械收获时,为减少碰撞伤和薯块开裂,收获前要进行浇水,使土壤水分达到田间持水量的 60％以上。

北方一季作区马铃薯产区雨量虽少,但多集中在作物生长季节的 6～8 月份,农业区常有 400 毫米的雨量,基本可满足马铃薯对水分的需要,但为了获得高产优质的块茎,有条件的地区也要进行灌溉。

垄作栽培区可进行沟灌,灌水时最好不要使水漫过垄面,以免土壤板结。如果垄条过长时可以分段灌水,在垄沟中打起横隔,既能防止垄沟冲刷,又能灌得均匀。平作栽培区灌水时可采用畦灌,有条件的地区进行喷灌效果更好。不管采用哪种灌水方法,都要注意小水勤灌,防止大水漫灌。

在各生育阶段,如雨水过多,田间积水,都需要挖沟排水,防止涝害。

(二)北方一季作区其他栽培模式与技术

1. 地膜覆盖栽培技术 马铃薯地膜覆盖栽培是 20 世纪 90 年代推广的新技术,一般可增产 20%～50%,大中薯率提高 10%～20%,并可提早上市,调节淡季蔬菜供应市场,提高经济效益。地膜覆盖增产的原因,主要是提高了土壤温度,减少了土壤水分蒸发,提高了土壤速效养分含量,改善了土壤理化性状,保证了马铃薯苗全、苗壮、苗早,促进了植株生育,提早形成健壮的同化器官,为块茎膨大生长打下了良好基础。原内蒙古农牧学院试验(1989 年),覆膜栽培在马铃薯发芽出苗期间(4 月 25 日至 5 月 25 日)0～20 厘米土层内温度提高 3.3℃～4℃,土壤水分增加 6.2%～24%,速效氮增加40%～46%,速效磷增加 1.3%,提早出苗 10～15 天。地膜覆盖栽培技术要点列举如下。

(1)选地和整地 选择地势平坦、土层深厚、土质疏松、土壤肥力较高、水分充足、杂草少的地块,实行 3 年轮作。在施足基肥基础上进行耕翻碎土耙糖平整,早春顶凌耙糖保墒,精细整地。底墒不足地块,有灌溉条件的要灌水造墒,没有灌水条件的耙糖保墒后应及早覆盖地膜。

(2)施足基肥 地膜覆盖后生育期间不易追肥,必须在覆盖地膜前结合整地把有机肥和化肥一次性施入土中。每公顷施入 30～45 吨充分腐熟的有机肥,并混合 300 千克磷酸二铵作为基肥或种肥施用。

(3)选用优良品种和优质脱毒种薯 要因地制宜选用优

良品种。由于地膜覆盖促进了马铃薯的生长发育,具有明显的早熟增产效果,一般可提早 6～10 天成熟。因此,作为秋薯收获栽培时,要选用比露地栽培生育期长的品种,才能发挥地膜覆盖的增产作用;但作为早熟早收栽培时应选用结薯早、块茎前期膨大快、产量高、大中薯率高的优良早熟品种。

带病种薯在覆膜栽培条件下,极易造成种薯腐烂,影响出苗。故要选用优质脱毒种薯。播前 20 天左右催芽晒种。

(4)覆膜与除草

①覆膜方式　覆膜方式有平作覆膜和垄作覆膜 2 种。

平作覆膜多采用宽窄行种植,宽行距 65～70 厘米,窄行距 30～35 厘米。选用膜宽 70～80 厘米的地膜顺行覆在窄行上。一膜覆盖 2 行。这种方式的优点是操作方便,保墒防旱抗风效果好,膜下水分分布均匀。缺点是膜面易积水淤泥,影响地温升高。

垄作覆膜须先起好垄,垄高 10～15 厘米,垄底宽 50～75 厘米,垄背呈龟背状,垄上种 2 行,选用 80～90 厘米宽的地膜覆盖双行。垄作覆膜的优点是受光面大,增温效果好,而且地膜容易拉紧拉平,覆膜质量好,土地也比平作覆膜的疏松。缺点是如果土壤墒情不足时,膜下中心区易出现"旱区",影响马铃薯的生长。

②覆膜时间　覆膜时间有播前覆膜和播后覆膜 2 种。播前覆膜即在播前 10 天左右,在整地作业完成后应立即盖膜,防止水分蒸发。播种时再打孔播种。其好处是省去了破膜放苗的工序,也不会因为破膜放苗不及时,发生膜下苗子被高温灼死的现象。但播前覆膜的地膜利用率低,在出苗之前的提温保墒作用没有播后覆膜的好。播后覆膜一般是播种后立即在播种行上覆膜。优点是播种的同时覆膜,操作方便,省时省工

也便于机械作业,并且出苗期保水增温效果明显,能做到早出苗、出全苗、出壮苗。一般可比播前覆膜早出苗 2～5 天。缺点是幼苗出土后,放苗时间短促,容易出现"烧苗"现象,且破膜放苗费工费时。

③覆膜方法　覆膜方法分为人工覆膜和机械覆膜 2 种。人工覆膜最好 3 人操作,1 人展膜铺膜,2 人在覆膜行的两边用土压膜。覆膜时膜要展平,松紧适中,与地面紧贴,膜的两边要压实,力求达到"紧、平、直、严、牢"的质量标准。砂壤土更需要固严地膜。

机械覆膜时,播种覆膜连续作业,行进速度要均匀一致,走向要直,将膜展匀,松紧适中,不出皱折,同时膜边压土要严实,要使膜留出足够的采光面,充分受光。

无论采取哪种覆盖方式,都应将膜拉紧铺平铺展,紧贴地面,膜边入土 10 厘米左右,用土压实。膜上每隔 1.5～2 米压一条土带,防止大风吹起地膜。覆膜 7～10 天,待地温升高后,便可播种。

④化学除草　选用透明无色地膜,容易滋生杂草,又因地膜覆盖不能中耕除草,常会造成杂草丛生,甚至顶破地膜,降低地膜的增产效果。因此在精细整地的基础上,覆膜前最好喷施除草剂。常用除草剂有:48％拉索乳油(甲草胺),覆膜前每公顷用 1.5～2.25 千克,对水 750～1 050 升。25％灭草净,每公顷用量 3～3.75 千克,对水 750～1 050 升。

(5)播种　播期以出苗时不受霜冻为宜。一般比当地露地栽培提前 10 天左右。在每条膜上播 2 行。按照计划好的行株距用打孔器交错打孔点籽,孔径 8～10 厘米,孔深 10～12 厘米,把土取出放在孔边,然后播种。播后再用原穴挖出的湿土将播种孔连同地膜一齐压严,并使地面平整洁净。播种时可 1

人打孔,1 人播种,1 人覆土。如果先播种后覆膜,播种技术完全与露地栽培相同。如果土壤墒情不足,播种时应在播种孔内浇水 0.5 升左右。

(6)田间管理

①及时破膜放苗　在先播种后覆膜的地块上,当苗出土时要及时破膜放苗,否则幼苗紧贴地膜高温层易被灼死。放苗时间以上午 8～10 时,下午 4 时至傍晚为好。放苗时可用一小刀在播穴上方对准苗划"十"字口,划口不宜太大,以放出苗为度,划好后将膜下小苗细心扒出,然后在放苗部位把破口四周的膜展开,并用土封严。在先覆膜后播种的地块上,若因幼苗弯曲生长而顶到地膜上,亦应及时将苗放出,以免烧苗。

②防风护膜　播后要经常到田间检查,发现地膜破损要立即用土压严,防止大风揭膜。

③查苗补苗　在缺苗处及时补苗,可在临近多株苗的穴中选择生长健壮的植株,带根掰下,在缺苗处坐水补栽。

④浇水追肥　如果是足墒覆膜,由于地膜的保水作用,出苗后一个多月不会缺水,如果播后久旱不雨,有灌水条件的可在宽行间开沟灌水。在施足基肥和种肥的情况下,生育期间一般不再追肥。如果基肥、种肥不足,在开花后可以用 0.2％～0.4％磷酸二氢钾或磷酸二氢铵进行叶面喷施。如果植株生长过旺,可用 0.1％矮壮素进行叶面喷施,以控制植株旺长,促进块茎的生长。

⑤中耕除草　生育期间在宽行间中耕除草培土,以达到疏松土壤,保墒、灭草。

⑥揭膜　马铃薯进入开花期后行间开始封垄郁闭,此时也正值多雨高温季节,马铃薯块茎进入迅速膨大阶段,要求凉爽的条件,地膜覆盖不仅对马铃薯块茎生长不利,而且影响浇

水和除草。因此,应在马铃薯开花期揭去地膜或划破地膜,但注意不要伤害植株。

2.微型薯栽培技术要点 与常规种薯相比,微型薯个体小,前期生长发育慢,又是脱毒种薯繁育体系中的基础种薯。目前在北方一季作区,微型薯既可播在网室中生产原种,又可直播在有隔离条件的露地上生产原种。为了保证后代种薯的质量和产量,栽培管理的关键技术如下。

(1)选地和建棚 选择 4 年以上没有种过马铃薯、茄科类蔬菜、块茎类作物,土地平整、排灌方便、土层深厚肥沃的砂壤土或壤土地建棚。周边 1 公里内禁种一般马铃薯、茄科类蔬菜(如茄子、西红柿、青椒等)及十字花科类作物(如白菜、甘蓝、油菜等)以及烟草、向日葵等作物,100～200 米内禁种高秆作物。

(2)整地施肥 播前每 667 平方米将腐熟好的羊粪2 000～2 500 千克或优质农家肥 4 000～5 000 千克加碳酸铵50 千克撒施并翻入耕作层,破碎土块,整平土地,结合施有机肥掺拌杀地下害虫的农药或毒米,每 667 平方米用 1%敌百虫粉剂 3～4 千克。整地后做畦,畦的规格以播种(或栽苗)要求的行距和灌水方便以及充分利用土地等为原则。

(3)浇足底墒水 刮好畦后,要及时浇足底墒水,待地表发白宜耕时,进行播种。

(4)播前种薯准备 首先要根据当地的自然条件和生产条件以及栽培目的选择适宜的优良品种。其次是微型薯调进后,按大小进行分级、催芽。催芽方法有浴光催芽和化学药剂浸种催芽等。把种薯摆放在光线充足的房间或日光温室内,保持 10℃～15℃温度,经常翻动,当芽萌动后即可播种。或用15～30 毫克/升的赤霉素溶液浸种 20～30 分钟,或 1%硫脲溶液浸种 1 小时,捞出晾干后,用湿润细沙覆盖保持 10℃～15℃和一定湿度进行催芽。发芽后将微型薯从沙中取出,放在通风有散射光的地方壮芽,使小芽变绿即可播种。

(5)播种期及播种方法 根据温度回升情况选择适宜的播种期。一般于 5 月 5～10 日播种。播种方法采用人工开沟,手点籽,每 667 平方米在两籽间点施 25～30 千克磷酸二铵。适当密植。早熟品种每 667 平方米 8 000～10 000 株,晚熟品种每 667 平方米 5 000～7 000 株。采用大小行种植方式,大行距 90 厘米,小行距 25 厘米,株距视密度而定。播种深度 5～6厘米,大小薯分畦播种,大薯深些,小薯浅些,播后及时镇压打耱 1～2 次。

(6)田间管理 出苗前及时闷锄(耙)或耢地;出苗后及时中耕除草,苗高 10～15 厘米时开始轻培土,共培土 3 次,逐渐加厚培土层。最后两小行形成明显的大垄,培土厚度 18～20厘米。生长期间发现病株或杂株,要及时连根拔除,装袋后带到网室外深埋。采用小水勤浇灌溉方法,一般在苗期、现蕾期、开花期各浇 1 次水,花后根据降雨情况决定是否灌溉。在苗期浇水时可每 667 平方米追施尿素 5 千克。防蚜虫喷药时间一般在 7 月 15 日、7 月 25 日、8 月 5 日和 8 月 15 日共 4 次,防晚疫病喷药时间在 7 月 10 日至 8 月 15 日期间,视病情喷药3～4 次。防蚜虫可用功夫、灭蚜净等农药交替使用,防晚疫病可用甲霜铝铜或代森锰锌、克露、安克锰锌等农药。

(7)收获贮藏 为了获得健康的种薯,应适当提前收获。收获前 5～7 天灭秧。选择晴朗天气收获,收获过程中尽量避免和减轻薯块损伤。在 9 月 20 日前收完。收获的块茎经挑选后分级装袋,挂上标签,按品种与商品薯严格分开,分别贮藏,避免传病和机械混杂。

3. 食品加工原料薯栽培技术 我国马铃薯食品加工业虽然起步较晚,但发展迅速。主要的食品加工产品有马铃薯油炸薯片、油炸薯条、全粉和脱水制品等。其中尤以薯片和薯条最多且最具发展潜力。

作为油炸薯片和薯条的加工原料薯,与传统的粮菜薯在外观和内部品质要求上有较大的差异和较为严格的要求。二者对块茎外观上的要求是:薯形良好,表皮光滑,芽眼少而浅,无混杂,整齐度高,无虫害、绿薯、畸形、冻害、裂薯、机械损伤等。炸薯片要求块茎圆形或近圆形,大小适中,块茎直径 4～8 厘米。炸薯条要求块茎长椭圆形,块茎大而宽肩者(两头平),块茎大小一般要求重量在 200 克以上。对块茎内部质量的要求是:还原糖含量薯片在 0.2% 以下,薯条在 0.5% 以下,干物质含量适中,以 20%～25% 为宜,且无空心、黑心、异色等。

食品加工原料薯的栽培技术要点如下:

(1)选地整地 选择土层深厚、疏松通气、适于灌排水、微酸性、肥力中等以上的砂壤土,实行 3 年以上轮作。前作以小麦、玉米茬为宜,避免与番茄、茄子、辣椒、烟草等作物连茬,也不应与地下害虫严重的作物连茬。

(2)施足基肥 结合整地施足基肥。每公顷施肥量视土壤肥力和产量水平而定。一般每公顷施腐熟农家肥 50 000 千克以上,尿素 150 千克,磷酸二铵 300 千克,氯化钾或硫酸钾375 千克,硫酸锌 30 千克,硼酸 7.5 千克,硫酸镁 30 千克,或用马铃薯专用肥 900 千克左右。施肥同时可拌施杀虫剂。

(3)选择适合品种和优质脱毒种薯 我国马铃薯食品加工业起步较晚,国内自主育成推广的适合加工薯片和薯条的品种还很少,目前生产上作为薯片加工原料种植的品种主要是引自美国的大西洋,作为薯条加工原料种植的品种主要是引自加拿大的夏坡蒂。

播前种薯选择尤为重要。选择脱毒的未感染任何病毒病、晚疫病和其他真菌细菌病害、未受冻和其他损伤的块茎做种，是获得高产优质的基础。由于大西洋和夏坡蒂退化快，因此应选择脱毒原种或一级种进行播种。大面积种植时，为了确保种薯质量，最好在调运种薯的前1年生长季节到种薯繁殖田进行实地考察，然后再调种。

(4)播前种薯催芽和切块 播前进行种薯催芽有利于迅速打破休眠，促进播后早出苗，出苗整齐，生长一致，早结薯，早成熟，获得高产。催芽还有利于淘汰感病薯块。具体方法是在播前4～5周将种薯从冷藏窖中取出，平铺2～3层，于室温（18 C～20 C）黑暗下催芽。幼芽长出5～7毫米后，逐渐暴露在散射光下壮芽，使芽变得有韧性，这样可避免在切种和播种过程中损伤芽。催芽过程中要经常翻动，使薯块均匀受热见光。

为了节约种薯和使块茎迅速通过休眠，促使出苗整齐一致，播前1～2天进行切块。切块时采用纵切或斜切的方法，以充分利用顶端优势。切块大小以30～50克为好。每公顷用种量2 250～3 750千克。切块过程中要严格注意切刀消毒，可用0.3%高锰酸钾液消毒。切好的种块应马上拌种，以防止病菌侵染。种薯、滑石粉与甲基托布津可按1 000∶20∶0.6的比例进行拌种。在春旱春寒严重的地区，应采用30～50克的幼健小整薯播种。

(5)播种 适期播种是获得优质高产加工原料薯的重要措施之一。播期过早，因地温低影响出苗速度，若播前种薯已萌芽，还会形成芽薯而影响出苗，造成田间缺苗断垄，而且也易感染病菌。相反，播种过晚，会因生育期不足而影响成熟度，

从而降低加工品质和产量。一般在 10 厘米土层温度稳定在
10℃～12℃进行播种为宜。于 5 月上旬播种完毕较好。

密度是控制加工原料薯大小的有效措施。合理的密度可
以大大提高加工用原料薯的商品率。每公顷播种密度,炸片品
种大西洋以 72 000～75 000 株为宜,炸条品种夏坡蒂以 57 000
株为宜。行距视播种机具而定,采用 70 厘米、80 厘米和 90 厘
米均可。株距则根据品种的播种密度和行距而定。

(6)加强田间管理

①早中耕培土　加工品种大西洋和夏坡蒂结薯均较早较
浅,为了减少薯块露出地面造成绿薯,应早进行中耕培土。一
般当田间齐苗后就要进行第一次培土,培土厚 4～5 厘米,苗
高 25 厘米左右时进行第二次中耕培土,培土厚 5～6 厘米,使
最终垄高(种薯上面至垄顶)达 25 厘米左右。

②合理施肥　稳定地供给马铃薯生长期间所需要的养分
是保证马铃薯高产优质高效(高商品薯率)的重要措施。

氮素是组成蛋白质的主要成分,对马铃薯茎叶生长和块
茎的形成和膨大有良好的促进作用。适量施用氮肥可显著提
高块茎产量和淀粉含量。但过量施用氮肥,会引起植株徒长,
造成生长中心转移晚,块茎形成和发育延迟,从而易产生小
薯、畸形薯和裂薯,干物质含量降低,抗病性减弱,严重影响加
工品质。

磷素既是细胞质和细胞核的重要组成成分,又是光合、呼
吸和物质运输等一系列重要生理代谢过程的必须参与者。充
足的磷素供应可增强植株的抗病性,促进碳水化合物的运输
和合成,对马铃薯茎叶生长和块茎形成、淀粉积累都有良好的
促进作用,特别可以促进根系的发育,增强植株的抗旱和抗寒
能力,从而提高块茎产量和改善块茎品质。

钾素对碳水化合物的合成和运输起重要作用,钾对马铃薯的加工品质有重要影响。适当多施钾肥可以提高淀粉含量,降低还原糖含量,减少薯肉变黑和空心,增强马铃薯的抗病性。如施用硫酸钾能显著减轻疮痂病的发病率。因此,当马铃薯幼苗出土 20 天至 1 个月内,正值现蕾期,要追施速效性氮肥,每公顷追施尿素 150～225 千克,开花期视植株生长情况可进行叶面喷施磷、钾肥。

③合理灌溉　加工品种大西洋和夏坡蒂对水分要求比较多。生育期间如遇干旱,不仅影响产量,还会影响商品薯率的提高。因此在整个生育过程中要注意水分的调控,使土壤含水量保持在最大田间持水量的 60%～80%之间,特别是块茎形成至块茎增长期间,应保持土壤湿度在田间持水量的 75%～85%。各个时期若水分不足,就要及时灌水。否则就会出现裂薯、内部坏死、黑斑和空心等问题。

(7)及时防治晚疫病　加工品种大西洋和夏坡蒂易感晚疫病,在北方马铃薯开花期间正是雨水多的时期,易引起晚疫病大流行。因此,从 7 月中旬起就要及时喷药进行预防。每隔7～10 天喷 1 次,连续喷 3～4 次。常用功夫、克露、金雷多米尔交替施用。此外,马铃薯封垄后,要减少进地次数,减少传病机会。当后期发生晚疫病时,要迅速将地上部分割掉,并清理出田外,可减少晚疫病菌对块茎的侵染。

(8)适时收获　适时收获是获得优质加工原料薯的又一重要措施。适时收获既可以降低块茎中的还原糖含量,又可减少收获过程中的机械擦伤,还可减少病虫害侵染块茎的机会。正常情况下,马铃薯茎叶落黄,块茎停止膨大,干物质积累达到最大值,即为适宜的收获期。收获前 7～10 天将植株地上部茎叶割去或杀死,使薯块表皮充分老化,这样可使收获过程中的擦伤大大降低,机械收获时尤应如此。在整个收获贮运过程中要注意轻拿轻放,减少因机械损伤、碰撞等而引起内伤。收获后的块茎应马上进行分选、装袋和转移到遮光、避雨和防冻的地方保存或运至加工厂。

三、中原二季作区马铃薯栽培技术

中原二季作区主要包括辽宁、河北、山西、陕西四省的南部,湖北、湖南二省的东部,河南、山东、江苏、浙江、安徽、江西等省。

该区的气候特点是,无霜期较长,在180～300天之间。年平均气温在10℃～18℃之间,最热月份平均温度在22℃～28℃,最冷月份平均气温1℃～4℃。年降水量在500～1 750毫米之间。

该区因为夏季长,温度高,不适合马铃薯的生长,自然条件形成了该地区春、秋二季栽培的栽培模式。春季生产于2月下旬至3月上旬播种,5月下旬至6月上旬收获,主要以生产商品薯为主。秋季于8月播种,11月收获,主要做春季种薯生产。由于气候条件的限制,该区主要适合早熟和部分中熟品种的栽培。

(一)中原二季作区春季马铃薯栽培技术

中原二季作区由于气候条件对马铃薯生长不利,栽培过程容易出现问题,因此栽培技术比较繁杂,要求比较严格。其中春季栽培主要突出一个"早"字,这个早字,包括了前面提到的选用早熟品种,尽量提早生长发育,适时早种早收,不误农时早管等内容,使结薯期在炎热多雨天气来临之前完成,达到控制退化和防止烂薯的目的。为了实现这个"早"字,保证马铃薯稳产高产,必须了解掌握中原地区的气候条件,满足马铃薯对外界气候条件的要求。

根据中原地区气候变化规律,早春温度低,不适应露地马铃薯的生长,平原地区2月下旬以后,高山地区4月份以后,气温逐渐升高并趋于稳定,适宜马铃薯萌动发芽,即可播种。平原地区4月上中旬,高山地区5月中下旬马铃薯出苗,温度继续升高,适宜马铃薯茎叶生长及茎块膨大。平原地区,6月中旬的平均气温已达到25℃,不再适应马铃薯块茎的膨大,而且多雨季节马上来临,因此要尽早收获。高山地区由于海拔不同,因此气温差异很大。浅山地区7月中旬收获,高山地区气温较低早熟品种8月中旬收获,中晚熟品种9月中旬收获。

二季栽培地区,春季适宜马铃薯生长的时期短,温度由低到高,日照时间由短到长。中原二季春季栽培必须考虑这一气候变化规律,根据马铃薯的生长阶段,采取相应的前促后控的管理手段,这样才可以保证春季马铃薯的高产稳产。

1. 茬口选择 中原地区常年二季栽培,土地没有间歇期,因此选择茬口尤为重要,选择不当,会给马铃薯的生长带来严重影响。适宜马铃薯较好的茬口有黄瓜、菜豆、棉花、大豆、玉米、葱、蒜等,避免接种茄子、番茄、辣椒、烟草等茬口,更应当避免连作。如果可能,采取种植一年隔一年的调茬方法,效果会更好。"有福没福花地改谷",说明了调茬的重要性。

2. 土壤选择与处理 应选择地块平坦、旱能浇、涝能排的土地来种植马铃薯,土质以沙质壤土最好,这样的土质利于早出苗、早发棵,也利于根系的生长和块茎的膨大。黏土空隙小,透气性差,不利排水,易引起块茎和茎部病害。有资料显示,沙土及砂壤土烂薯和死苗率不到1%,黏土则高达15%~

30%,如不得已选择了黏土种植,可采用掺沙及增施有机肥等措施,使其适合马铃薯种植的需要。

3. 土地备耕及施足基肥 马铃薯为块茎膨大作物,根系较浅,块茎的膨大和根系的伸长都需要深厚、疏松、透气好的土壤耕作层,因此种植马铃薯的地块需要深耕,有条件的要求进行冬、春两季耕地。"冬深耕,春浅耕",冬季深耕25~28厘米为宜,这样可以有效地使深层土壤进行冬冻,减少第二年的病虫害。春季耕地20~23厘米为宜,春季深耕,可以提高土壤的保墒能力,利于根系对养分的吸收,使根深叶茂,块茎的膨大不受限制,商品性状好,种植效益有保障;耕地太浅,保墒能力太差,马铃薯生长缓慢,雨后水不易下渗,容易形成田间积水,造成植株死亡或块茎腐烂,影响产量和品质。

应当注意的是,中原地区属大陆性气候,冬季少雪,春季缺雨,土壤较干旱,因此在墒情不好的年份可进行冬灌或春灌,以满足马铃薯在萌发出苗时对水分的需要。早春解冻后,要及时结合施入基肥春耕,要求随耕随耙平,就墒播种。

马铃薯为喜肥作物。马铃薯整个生长期所需营养成分80%来自基肥,因此施足基肥是提高马铃薯产量的有效措施。马铃薯生长需钾肥最多,氮肥次之,磷肥较少。施肥的种类以农家有机肥为主,化肥为辅,因为有机肥富含氮、磷、钾和其他微量元素,在土壤中逐渐分解,肥效较长,能够有效改善土壤条件。施肥多少,应根据地力而定,一般要求每667平方米施入农家肥4 000~5 000千克,肥力较差的地块每667平方米增施复合肥50千克左右,可以有效地提高产量。

目前,精准施肥越来越受到重视,因此基肥的施入如果能建立在对土壤成分了解的基础上,并根据马铃薯对各类营养元素的需求,有的放矢,缺什么补什么,这样不仅可以有效地提高产量,同时可以降低投入的盲目性,减少无谓的投入。因此,种植者应当随着时代的发展,尝试科学施肥的方法。

4. 种薯处理 春季栽培的马铃薯如果是在北方繁育的种薯,在春季栽培之前休眠期已过,种薯出芽整齐的情况下可以直接切块种植;如果为秋季当地繁育的种薯,休眠期还没有完全度过,种薯发芽势较弱,需要进行播种前的种薯催芽处理。各地的试验表明,经过催芽处理,出苗可以提早7~15天,增产幅度可达15%~30%,因此春季催芽处理是二季作区实现早种早收的关键措施之一。催芽处理因要根据品种休眠期的不同和栽培模式的不同而不同。露地栽培以春化处理,催小芽为宜,催大芽易引起早衰,影响产量;早熟栽培,宜催大芽,利于早出苗,早齐苗。阳畦或小拱棚播种时需用赤霉素浸种才能正常出苗。

(1)春化处理 春化处理又称暖种。一般在播种前25天,将种薯存放在温度15℃~18℃的环境中,最高温度控制在20℃以下,存放期间注意时常翻动,剔除病薯烂薯,待芽眼萌动出芽后,切块播种。休眠期较长的品种可以提前几天进行。

(2)催大芽 这是目前进行早熟栽培采用的主要的催芽方式,一般在播种前25~30天进行。块茎切块后,按1∶1的比例与湿润的细沙或细土相掺,摊成厚25~30厘米的催芽床(宽度和长度因催芽环境而定),保持环境温度在15℃~18℃,最低温度不低于12℃,最高温度不高于20℃,待芽长到3厘米左右,即可播种。

催大芽可以在室内进行,也可以在室外塑料棚内进行,其关键在于温、湿度的把握,温度太高、湿度较大时容易烂薯,温度太低、湿度较小时出苗较慢。

(3)赤霉素浸种催芽 赤霉素催芽的关键是赤霉素的浓

度。浓度太小,催芽效果不好;浓度太大,出苗纤弱。因此在实际操作中,要根据种薯休眠期长短,选择适当的浓度浸种。一般早熟品种整薯浸种浓度在 5~10 毫克/升之间,浸种时间为 10 分钟。切块浸种浓度为 0.3~0.5 毫克/升,时间为 30 分钟。

二季作区春季栽培采用切块播种,切块方法参考一季作区栽培技术所述方法。

5. 合理密植 马铃薯产量的构成是由单位面积上的株数与单株产量所决定的,但是单株产量与群体产量之间是相互矛盾的,合理的密度是将单株产量与群体产量两个相互矛盾的因素进行协调统一,既能使单株块茎达到很好的商品性状,同时又能提高群体产量获得高产。

合理密植还要考虑到品种和土壤肥力,土壤肥沃、水肥条件充足、枝叶繁茂的品种,整薯播种时,应降低种植密度;土壤肥力差,水肥条件不足,枝叶较小、切块播种时,可适当加大种植密度。

中原地区平原二季栽培通常采用的株行距为:行距 60~65 厘米,株距 20~25 厘米,每 667 平方米 4 400~5 500 株。不同地区,不同品种,不同栽培形式种植密度和株行距相差很大,常用的株行距及密度参看下表。

不同种植方式行株距及密度

行株距(厘米)	每 667 平方米株数	适宜品种类型及栽培模式
60×20	5 557	早熟品种,切块播种
60×27	4 115	早熟品种整薯、中早熟切块播种
60×17	6 535	植株矮小的早熟种、留种田
80×20(每垄 2 行)	8 337	早熟种留种田
100×25(每垄 2 行)	5 336	地膜覆盖早熟栽培

6. 适期早播　中原二季作区春季栽培突出一个"早"字，其中适时早播是早管、早收的基础。适时有 3 个原则：①断霜齐苗；②使结薯期正好处在结薯最佳的气候条件下，并且经历的日期较久；③高温多雨季节来临前产量已形成。

由于这一地区南与北、沿海与内陆、山地与平原的物候条件差异很大，在早春温度不稳定的时期这种差异突出，这样使中原二季作区各地的具体播期彼此相差很大，有时两地播期相差 1 个多月，甚至同一省份的播期也不尽相同。以河南省为例，平原地区 2 月下旬以后，气温逐渐升高并趋于稳定，适宜马铃薯萌动发芽，即可播种，4 月上中旬，马铃薯出苗，温度继续升高，适宜马铃薯茎叶生长及茎块膨大。高山地区要到 4 月以后，才能达到相应的温度条件进行播种，5 月中下旬马铃薯出苗。两个地区播期相差月余。

虽然播期差异非常大，但是只要根据适期早播的 3 个原则，各地可根据各地的断霜期确定，向前推 30～40 天，就可以确定播种日期，并且宁早勿晚。有的种植者怕早种受冻，其实马铃薯是较耐寒抗冻的作物，即便出苗时遇到霜冻，也只是毁去顶部，下部仍能重新发枝生叶，产量还比晚播要高。多年来，中原各地的经验表明，离播种时期每推迟 5 天，减产 10%～20%。

不同地区播种方式多种多样，常见的方法有朝阳坡播、开沟播后起垄、平播、点（穴）播、平播起垄、垄播等，各地可根据当地习惯选择播种方式。

7. 适期早管　春季马铃薯从出苗到收获仅有 55～70 天的时间，在这么短的时间内完成地上部生长和地下产量的形成，需要及时到位的田间管理。田间管理上要掌握前促后控的原则，前期要促根、促棵、促匍匐茎，促幼苗早发，开花后，酌情追肥、小水勤浇,控棵攻薯,使薯棵生长上下协调,达到高产目标。

(1)发芽期的管理　发芽期的管理主要围绕保持土壤的疏松透气进行,结合中耕灭草,破除表面的板结,保持墒情,提高地温,促进块茎早出苗。

(2)幼苗期的管理　幼苗期间,主要抓"三早"措施,即早追肥、早浇水、早松锄。当出苗达到70%左右时,结合追肥浇水,追肥以氮肥为主,追肥多少要根据地力而定,一般每667平方米追施40~50千克碳酸氢铵,地力较差的每667平方米可同时施入尿素18~20千克。浇水后要及时中耕,使土壤疏松透气,保持湿润。

(3)发棵期管理　这一时期浇水与中耕紧密结合,不旱不浇,但要中耕保墒,结合中耕,要进行2次培土,现蕾期匍匐茎开始膨大时进行第一次培土,以避免匍匐茎钻出地面变成枝条。第一次培土厚度为3~4厘米。开花初期,马铃薯进入块茎膨大盛期,为防止马铃薯块茎露出地面产生露头青现象,进行第二次高培土,培土厚4~5厘米,形成25厘米的高垄。

这一时期追肥要慎重,需要补肥时,可放在发棵早期或现蕾期,后期补肥会引起地上秧苗过旺,反而推迟了结薯期的到来,影响产量。

(4)结薯期的管理　开花后进入马铃薯块茎膨大盛期,水肥需求增加,因此要始终保持土壤的湿润,并及时追肥,可结合病虫害防治,喷施适当浓度的尿素和磷酸二氢钾。应当注意,在收获前1周应停止浇水,以利于收获和贮藏。

8. 及时收获　春季栽培收获要赶在雨季高温来临前,赶早不赶晚。在雨季遭受雨淋后收获,会影响马铃薯的商品性状,同时会引起贮藏期间发生烂薯。黄河以北地区应在6月中下旬收获,黄河以南及江淮北岸宜在6月上中旬收获,长江下游宜在5月中下旬、长江中游宜在5月上中旬收获。收获应选在晴天,土壤适当干燥时进行。

(二)中原二季作区秋季马铃薯栽培技术

中原二季作区秋季马铃薯生产在8～11月期间,气候变化规律和春季相反,气温由高到低,光照时间从长到短,前期正适合马铃薯茎叶生长,后期随着温度降低,昼夜温差加大,适合马铃薯块茎的膨大要求。从气候规律来看,秋季更适合马铃薯的生长发育。但秋季播种期正值高温多雨季节,切块栽培烂块死苗严重,因此提倡秋季整薯播种,以确保全苗。另一方面,秋季用种为春季繁殖,秋播时种薯休眠期还没有过,需要药剂催芽处理后才能播种,因此秋季栽培成功的关键在于种薯处理和保苗措施。

根据秋季的气候变化规律,在马铃薯栽培管理上应采取一促到底的原则。前期应及早加强管理,形成繁茂的枝叶,为后期马铃薯膨大时养分的积累奠定基础。

1. 整地 秋季栽培更应当选择地势较高、平坦能排灌的地块来栽培马铃薯,以防止播种后遇雨积水,造成烂薯缺苗,影响产量。土地备耕以及基肥的施入参考春季栽培,应当注意的是,秋季施入的农家肥要充分腐熟,不然会引起严重的疮痂病。

2. 种薯选择 秋季栽培的种薯应该选用春季专用留种田的薯块,春季专用留种田早种早收,避开高温天气和蚜虫迁飞期,种薯退化轻,种性好,后代产量高。秋种品种一定要选择早熟品种,因为中原二季作区秋季适合马铃薯的生长期较短,仅适合早熟品种。被选作种薯的薯块要求无病、无伤、无裂、大小适中。

秋季马铃薯播种时,正值高温多雨季节,20世纪六七十年代采用的切块播种常常出现烂块死苗,缺株断垄现象,甚至全部烂完,造成严重减产乃至绝收,这成为多年来二季作区秋薯发展缓慢和就地留种困难的主要原因。这一地区的科技人员在生产实践中逐渐试验和总结,终于发现秋季采用小整薯播种,不仅可以解决烂块死苗问题,而且对防止退化、提高产量也有重要的作用。这一研究成果,很快在中原二季作区得到推广应用,成为秋薯栽培和就地留种的重要的栽培手段。

整薯播种一般在50克左右,每667平方米的用种量约300千克。整薯播种虽然种薯投入量较切块增加了1倍,但实际投资却并没有增加,因为小整薯商品价值较低,折算下来并没有增加投资。有资料显示,整薯播种与切块播种在全苗的情况下,增产50%左右,从投入产出的角度来看,整薯播种的效益远高于切块播种,而且产量更有保证,因此秋季栽培提倡整薯播种。

3. 种薯催芽　秋播种薯一般都没有度过休眠期,因此要采取药剂催芽的措施,这里介绍两种常用的催芽方法。

(1)赤霉素溶液浸种催芽　赤霉素作为一种植物激素,有解除马铃薯块茎休眠,促进发芽的作用。催芽一般在播种前5天进行,浸种浓度因不同品种的休眠期不同而不同,休眠期为50天左右的品种,如豫马铃薯一号、豫马铃薯二号、中薯三号等,用5毫克/升的赤霉素浸种5分钟;休眠期较长的品种,如费乌瑞它要用10毫克/升的赤霉素溶液浸种10分钟。浸种后捞出随即摊放在湿润的沙床上,厚25厘米左右,覆盖2~3厘米厚的湿沙,待芽长2厘米时即可播种。芽催好后,因天气原因不能马上播种的,要把薯块从沙床上扒出见光变绿壮芽。

赤霉素溶液配制方法:赤霉素不溶于水,溶于酒精,配制时先用酒精或高度白酒将赤霉素溶解,再加入水,配制成所需浓度的溶液,配好的溶液可连续使用1天。

赤霉素浓度的大小直接影响到催芽和出苗的质量,因此应当准确把握。目前市售的赤霉素很多,不同厂家的赤霉素含量不同,配制时要根据赤霉素实际含量来计算浓度。

(2)赤霉素甘油液催芽法(GG液催芽法)　贮藏期间用赤霉素甘油液处理薯块顶芽,可以加速种薯的生理进程。甘油赤霉素液又称GG液,赤霉素含量为50～100毫克/千克,用原液配制时,原液用的水和甘油的比例为4:1。甘油具有极好的亲水性和保水性,是很好的促使赤霉素进入种薯的介质。甘油可以用花生油代替,但水油比为5:1,豆油、芝麻油和蓖麻油不可用,会封闭堵塞种薯气孔使芽眼变黑坏死。

采用GG液处理少量种薯时,可以将种薯顶部蘸以GG液,或用毛笔蘸GG液涂抹顶部。大量处理时,可先将种薯平铺开,用喷雾器喷洒在薯面上。处理可在收获后10天开始,以后每20天处理1次。处理后要用遮盖物遮光,以利于发芽,芽长1厘米时,让芽见光,以利壮芽和侧芽的生长。

4. 适期播种　秋季的播种日期各地不同,首先要以当地枯霜期作为标准确定马铃薯生长的终止临界期,再根据种薯的生理年龄和马铃薯茎叶需见光60天左右才有产量的情况来确定最适播期。以郑州为例,秋季播期一般在8月15～25日之间。秋季播期虽然可适当提前,但提前播种病毒病和疮痂病危害严重,反而会导致减产和商品率下降。因此,作为秋季留种田,播期尽量晚些,这样利于防止病毒浸染,保持良好种性。

5. 播种密度及播种注意事项　秋季出苗后,气温逐渐降低,日照逐渐缩短,不利于发棵,因此种植密度与春季相比要稀一些。尤其秋季马铃薯为整薯播种,种薯的大小直接影响着密度,一般行距为 60 厘米,株距根据种薯大小而定,种植密度每 667 平方米为 3 500～6 500 株。

秋季播种正逢高温 8 月雨季,播种时要背阳坡摆放种薯,以避免阳光直射,降低地温,不易烂种,幼苗能安全出土,保证全苗,才能保证产量。播种后,地块周围要挖排水沟,雨后及时排除积水,防止积水太久造成田间烂薯烂苗带来的损失

6. 田间管理 马铃薯秋季生长期较春季短,而且温度渐低、光照渐短,随着气温的变化,越来越不适合马铃薯茎叶的生长,因此秋季马铃薯田间管理的关键是尽早促进发棵。出苗后团棵前要连续追氮肥 2 次,每次纯氮 2 千克/667 平方米。每浇 1 次水,中耕 1 次,使土壤见干见湿,保持垄土疏松透气。结合中耕进行 2 次培土,给块茎膨大创造一个良好的土壤环境。

7. 及时收获 秋季的收获要根据各地的霜期而定,初霜各地轻重不一,每次枯霜后总有几天回暖,只要土壤表层不发生结冻,薯块不至于受冻害,收获可放在地上秧苗全部被枯霜杀死以后。

(三)中原二季作区其他栽培模式与技术

1. 双层覆盖早熟栽培技术 马铃薯双层覆膜栽培是在春季采取的提早上市的一种栽培模式,地表进行地膜覆盖,同时再加盖小拱棚,这种模式可以使马铃薯提早上市近 1 个月,供应蔬菜淡季以及五一节日市场,价格要高出露地马铃薯近两倍,经济效益十分可观。

(1)品种选择 二季栽培地区即春、秋二季作区,适合早熟马铃薯生长,双层覆膜栽培更需要选择休眠期短、早熟抗

病、结薯集中、薯块整齐、商品性好的品种,如郑薯五号、郑薯六号、费乌瑞它、中薯三号等;同时应选择这些品种的优质脱毒种薯,因为种薯是否脱毒,产量和质量的差别非常大。

(2)切块催大芽 切块催芽是早熟栽培非常重要的环节,只有催好芽,才能保证早出苗、出齐苗。切块时,要求1千克切50块左右,每一块上都要有芽眼。切块催芽要针对不同的种源、不同品种采用不同的方法。从北方调来的种薯,由于北方收获早,种薯已过休眠期,种植前只需直接切块便可播种;当地繁殖的种薯,收获晚,种薯虽然度过休眠期,但未达到最佳发芽期,种植前要提前30天左右切块催大芽。对于当地繁殖的休眠期较长的品种,种植前20天用赤霉素浸种出芽后,再切块催芽。催芽应注意湿度不能太大,温度也不能太高,以防烂薯。一般催芽的最适温度为15C～18C。

(3)整地扣棚 马铃薯生育期虽短,却具有高产的潜力,这就需要充足的基肥作为基础。因此,整地前每667平方米要施入3 000千克腐熟的有机肥,50千克二铵,20千克硫酸钾,深耕。深耕可使土壤疏松,透气好,并能提高土壤的蓄水、保肥和抗旱能力,为马铃薯的根系充分生长和块茎的膨大提供优良环境。整地完成以后,在播种前3～4天扣棚,这样可以提高地温,利于播后出苗。棚的大小可根据当地的条件,因地制宜,选用经济实用的材料搭建,跨度4～8米都可以。

(4)适时播种 当棚内温度达到20C～25C,地温达到7C～8C,便可播种。中原地区一般在1月底到2月初开始播种。为了便于盖地膜,采用一垄双行模式,要求垄距80～100厘米,小行距15厘米,株距20～25厘米。播种时,要注意2点:一是墒情。如果墒情不好,一定要先浇地后播种。二是播种深度。因为地膜覆盖后,不容易培土,所以播种较深,一般在

10～15厘米,尤其是费乌瑞它品种,结薯较浅,极易出现露头青现象,更应深播。播种后,将垄面搂平盖地膜。

(5)田间管理 一般播后20～25天出苗,出苗期间,要及时破膜露苗,以免幼苗在膜下烫死。待80%的苗出土后,追齐苗肥,每667平方米追50千克碳酸铵。

苗现蕾期间,地下块茎开始膨大,对肥水需求增大,这时要及时追肥浇水。一般每667平方米追15千克尿素。根据土地墒情及时浇水,以充分满足块茎生长需要。

随着气温的回升,注意棚内温度,当棚内温度超过30℃时,开风口通风。通风时间一般在上午10时以后,下午3时以后合上风口。

及时去除棚膜是后期管理的重要环节。过早去膜,气温不稳定,太低的气温不利于植株生长和块茎膨大。过晚去膜,棚内温度太高,容易造成植株徒长,同时,过高的温度不利于地下块茎的膨大。一般在清明后气温较稳定时撤去棚膜。去棚膜前4～5天昼夜开大风口通风,以使植株适应外界温度。同时,去膜前,一定要进行1次追肥浇水,因为这个时期正是地下块茎膨大最快的时候,整个植株对肥水的需求最大,另一方面,这样有利于提高去膜后植株对外界气温的适应能力。

2. 马铃薯的间作套种 中原二季作区马铃薯间作套种起步较早,目前已相当普及,在生产中广为应用,模式多样,和粮、棉、菜、果树等多种作物都实现了间作套种,使土地面积得到了充分合理的应用,大大提高了种植效益。在生产中,应用最为普遍的是春季与玉米、棉花的间作套种。

(1)马铃薯与玉米的套种 马铃薯与玉米套种模式较多,在生产中较常见的有2行马铃薯分别与1行玉米、2行玉米套种。

与玉米套种一般马铃薯都采取宽垄双行盖地膜栽培,一次性起垄不再培土。2行马铃薯与1行玉米套种时,马铃薯行距为40～50厘米,株距为20厘米,垄距为100～110厘米;玉米株距为30厘米。2行马铃薯2行玉米套种时,马铃薯行宽60～65厘米,株距20厘米,垄距160～170厘米;玉米株距30厘米,行距40厘米。

以上2种套种模式有利于通风透光及田间管理。玉米播种前要做好马铃薯的中耕、追肥、浇水管理。马铃薯3月上旬播种,玉米一般在4月底5月初播种。马铃薯收获后,要及时对玉米进行追肥、培土、浇水。马铃薯茎叶可作为绿肥结合培土埋在玉米株附近。

(2)马铃薯与棉花的间作套种 马铃薯与棉花的套种共生期较短,棉花一般在4月中下旬播种;马铃薯在3月初播种,早熟栽培可以提早到2月底。马铃薯收获时,棉花只有不足30厘米的株高,马铃薯对棉花的影响很小,因此在棉区这一模式推广很快。一般采用2行马铃薯套种2行棉花的栽培形式。马铃薯行宽60厘米左右,株距20厘米,垄距180厘米;棉花行距40厘米,株距18厘米。

为进一步缩短共生期,应尽量提早马铃薯的播期;马铃薯收刨后,结合棉花培土,及时将马铃薯茎叶埋入土中作为绿肥。

四、南方二季作区马铃薯栽培技术

南方二作区包括广西壮族自治区和广东、海南、福建、台湾等省。该区无霜期在300天以上,最高可全年无霜,年平均温度18℃～24℃,最热月份平均气温28℃～32℃,最冷月平均温度 12℃~16℃,年降水量 1 000~3 000 毫米之间。

南方二季作区,为我国主要的水稻种植区域,生产季节主要以水稻为主,不是马铃薯主产区,马铃薯面积仅占全国马铃薯总面积的 0.8%。在栽培上与中原二季作区春、秋两季栽培模式不同,是在冬闲季节和早春季节栽培两季马铃薯,因此称为南方二季栽培期。秋播生产,冬播留种,是这一地区典型的栽培模式,也有季赶季的留种方式,基本上与中原二季作区栽培模式相似,但不是春赶秋,而是秋赶冬,即秋播的薯块作冬播时的种薯,冬播的薯块作秋播的种薯。

这一地区虽然不是马铃薯的重点产区,但因为马铃薯生产较简单,生育期较短,种植效益稳定,可以充分利用冬闲田生产马铃薯作为蔬菜和辅助粮食,同时这一地区便于马铃薯出口,也为马铃薯产业的发展创造了空间。

(一)影响种植效益的关键问题

1. 种薯供应不稳定,种薯质量无保障 这一地区由于受条件限制,马铃薯种薯大都从北方调运,调薯渠道多,种薯质量好坏参差不齐,种薯质量没有保证,经过筛选的适合当地栽培的专用品种少,品种选择存在盲目性,因此造成种植效益从根本上没有保障。为了保障种植效益,种植者应尽量选用正规繁育单位繁育的脱毒种薯,在品种选择上也要选择适合当地栽培条件的品种。

2. 病害严重 南方二季作区的种薯多年来从全国各地调入,种薯调入的同时,各类病源也一并携带进入,造成当地病害复杂严重,防治困难,甚至造成毁灭性危害。因此,要保障种植效益,种植者一定要注重病害的防控与防治。

3. 栽培技术不够重视 南方二作区马铃薯科技力量薄

弱,栽培技术不够普及,许多种植户对马铃薯的基本栽培技术缺乏了解,影响到马铃薯产量从而影响到种植效益。

(二)南方二季作区马铃薯栽培技术要点

1. 合理轮作,精细整地 马铃薯避免与茄科类作物轮作,以减少生长期间的病害危害;整地要精细,前茬为晚稻的,收前半个月即开沟放水,晚稻收获后,将土壤翻犁、耙碎,然后做畦。畦的规格各地不同,畦面应使土壤细碎平整,同时畦心的土壤不能过于细碎,以防止土壤板结,导致透气性不良。

2. 播种技术 南方二作区栽培形式多样,播期也各不相同。一般的秋播期在 9 月中下旬到 10 月下旬,冬播期为翌年1 月初到 1 月下旬。各地播期应因地制宜,根据当地栽培习惯和气候条件来确定。

播种密度因栽培季节和畦的规格不同而有差异,大体上秋播密度较稀,每 667 平方米 3 700～4 600 株;冬播密度较密,每 667 平方米约 5 000 株。播种时多为穴播,根据适当的株行距开穴,穴深 10～13 厘米,施入基肥,播入种薯,薯上覆盖土杂肥 5～10 厘米厚,可暂时不覆土。

3. 种薯选择和贮藏 该地区大部分都采用小整薯播种。当用冬播生产的马铃薯作为种薯时,一般多选用大小在 20 克左右的小薯块做种薯。因为冬播留种是一季留种两季用,所以种薯在秋播时,贮藏期 5～9 月份,时间的长短刚好使一般品种的马铃薯度过了休眠期,播种时可以带芽播种。但当种薯用作下年冬播时,贮藏期从 5 月至 12 月底的长期高温贮藏,马铃薯早已发芽,播种时需要掰掉老芽再发新芽才能播种。如果种薯是经冷库低温贮藏的,则应在播种前半个月从冷库中取出,放于阴凉处,促其迅速萌芽,以使出苗整齐。

当选用季赶季的留种方式,在秋播生产的薯块作为冬播的种薯时,因为必须进行播前催芽处理以打破休眠,所以多选用大薯块切块播种(催芽方式参见中原二季作区的方法),但冬播生产的薯块作为秋播种薯时,则仍选用小整薯播种。

4. 田间管理　南方二季作区由于栽培形式特殊,因此在田间管理上与北方和中原地区有较大的区别。秋播马铃薯播种后 7～15 天出苗,冬播马铃薯则要 25 天左右出苗。幼苗出齐后,立即盖土并间苗,秋播马铃薯每穴留 2 株壮苗,冬播每穴留 3～4 个壮苗。间苗后,追施壮苗肥,以后每隔 5～7 天追肥 1 次,用人粪尿和水在行间开沟追施,或在每株的中央开穴施入,最初追施水肥应稀薄一点,以后逐渐加大浓度,共需追肥 5～6 次,每 667 平方米包括基肥在内总基肥量为人粪尿 30～60 担,土杂肥 1 500～2 500 千克,应根据土壤的墒情进行浇灌,植株封行后停止追肥,一般秋播的 45～50 天封行,冬播的 60～70 天封行。

进入团棵期,即开始松土除草和培土,松土应深些,隔 2 周进行第二次松土,这次松土要浅些,以免伤根。松土后将畦沟里的土培到畦里植株的根部,为块茎的膨大创造疏松的环境,在培土过程中应注意保护茎叶,追肥时,注意不要使肥料污染茎叶,以免破坏和减少有效的光合面积,影响产量。

南方二作区病虫害较严重,因此在整个生育期要重视病虫害的防控。如遇到霜冻,则应在清晨日出前喷水洗去叶片上的霜,或在当地霜期前数日追 1 次氮肥,或用盖草的办法防冻。

5. 收获　该地区栽培模式轮作安排紧凑,需及时收获,以免影响后茬作物生长,在收获、搬运、存放过程中,注意不要伤及薯块,并及时将带伤、带病的薯块挑选出来单独处理,以免在长期贮存中引起病害的蔓延。

第五章　马铃薯主要病虫害及防治技术

马铃薯是多病作物,危害马铃薯的病虫害有 300 多种,但并不是所有的病虫害都能造成马铃薯严重减产。马铃薯病害主要分为真菌病害、细菌病害和病毒病害。其中真菌病害是世界上主要的病害,几乎在马铃薯所有的种植区都有发生。从我国各个种植区域的情况来看,发生普遍、分布广泛、危害严重的是真菌性病害的晚疫病和细菌性病害的环腐病,南方的青枯病也有日益扩大的趋势,同时由于病毒病引起的马铃薯的退化问题也成为限制马铃薯产业发展的主要障碍。因此,病虫害的防治是马铃薯生产活动中保证种植效益非常重要的环节。

一、马铃薯病虫害防治的误区

误区一:在病虫害防治观念上存在误区,只治不防或重治不重防。这种观念往往导致延误控制病害发生和蔓延的最佳时期,使病害无法控制,造成严重损失。了解总结生产实践中马铃薯真菌和细菌病害的发生蔓延过程,可以发现,几乎所有马铃薯的真菌、细菌病害一旦发生只能控制,无法治愈,同时一旦大面积发生就很难通过药剂进行控制。因此,种植者应当改变观念,建立以防控为主的正确思路,了解主要病害的发生、传播途径,同时根据当地近几年病虫害发生状况,在科技工作者的指导下制定整个生育期病虫害防治规程,定期防治,可以有效地控制主要病害的发生和蔓延,保障种植效益不受损失。

误区二:防治病虫害药剂选择、使用方法和防治时期方面的误区。化学防治目前是马铃薯病虫害防治的主要手段,在生产中由于药剂选择错误、使用方法不当,延误防治时期,致使病害蔓延的现象时有发生。例如,防治晚疫病使用防治细菌性病害的药剂;用喷施的药剂进行拌种,致使出苗异常;错误地把茶黄螨引起的卷叶当作是病毒病或真菌、细菌病害来进行化学防治;在晚疫病防治中只喷施叶面不喷施叶背面等等,可见这一误区在马铃薯病虫害防治中非常普遍地存在着。因此,在药剂选择和使用方面建议要听取专家意见,在实践中多加总结,同时,注意马铃薯会对常用药剂产生一定抗性,所以应适时调换防治药剂;另一方面,药剂的选择要遵循无公害的原则。各类病虫害防治常用药剂详见下面几个小节的介绍。

二、马铃薯病虫害综合防治原则与方法

马铃薯的生理状态和繁殖方式,使得马铃薯病虫害较多,既有真菌、细菌病的侵害,又有病毒病的积累与危害,同时地上植株和地下块茎都受到虫害的威胁,而且病害传播途径多,土传、虫传、种传等,因此在病虫害防治方面更要遵循综合防治的原则,采取多方面的措施,结合化学防治,才能达到较好的防治效果。

(一)选用抗性品种

首先在选择品种方面,要尽量选择对病虫害有抗性的品种。抗性育种一直以来都受到育种家的重视,目前抗性育种的技术手段不断地发展，从而使得马铃薯的抗性种质资源得以不断地创新，随着时间的推移，会有越来越多的抗性品种被育成并被推广应用。目前在生产上推广应用的抗性品种有抗晚疫病品种、抗病毒品种、抗旱品种、抗线虫品种、抗疮痂病品种、耐盐碱品种、耐低温品种等。因此在选择品种时，要根据当地种植中主要病虫害发生情况，尽可能地选用相对应的抗性品种。

（二）选用健康的种薯

在马铃薯生产中，种薯是传播许多病害、虫害的主要途径之一，如退化的种薯造成病毒病的传播和积累；种薯也是马铃薯晚疫病和青枯病最主要的侵染来源；带病种薯还可能是马铃薯块茎蛾、金针虫和线虫等的传播源；带有细菌病害的种薯通过切刀大面积传播等等。因此，选用健康的马铃薯种薯是进行马铃薯病虫害综合防治的基础和关键措施。健康的种薯应当是不带影响产量的主要病毒的脱毒种薯，同时不含通过种薯传播的真菌性、细菌性病害及线虫，有较好的外观形状和合理的生理年龄。

（三）选择良好的土壤环境

马铃薯的许多种病虫害是土壤可以传播的，这些病虫害主要有晚疫病、青枯病、癌肿病、疮痂病、线虫、地老虎和金针虫等。选择良好的土壤环境种植马铃薯可以有效地避免和减少病虫害的发生。因此，在实际生产中，要注意茬口的选择，有可能的地区实行 3～5 年的轮作，可以有效地保持土壤良好的状态。

(四)采用适当的耕作栽培措施

在生产中,采用适当的耕作栽培措施可有效地防治和减少马铃薯的病虫害危害。这些措施包括大量施用有机肥改变土壤环境、起垄种植、高培土、调整播种期等。此外,在马铃薯生长期间的水分管理和养分管理对防止马铃薯空心及其他生理性病害也有重要的作用。

(五)建立化学防治规程

目前,化学防治仍然是马铃薯病虫害防治中不可缺少的措施。实践证明,在生产中,总结当地多年的防治经验,因地制宜地建立相应的以"防"为主的化学防治规程,及时、准确、有效地使用化学药剂,可以达到控制病虫害的发生和蔓延的目的。"及时"指要在病害还没有发生或者刚刚发生时进行防治;"准确"指正确选择化学药剂和正确使用化学药剂;"有效"指建立有效的化学防治周期。同时应当强调的是,在化学防治中要遵循无公害和生物防治的原则,尽量选用无公害药剂,减少对环境的污染;另一方面,应当注意保护天敌,保证生产安全和商品薯的安全。

三、马铃薯真菌性病害及防治技术

(一)晚疫病

晚疫病是发生最普遍、最严重的马铃薯真菌病害,它的威胁性很大,既造成茎叶的枯斑和枯死,又引起田间和贮藏期间的块茎腐烂,一旦发生并蔓延,会造成非常严重的损失。

1. 症状 马铃薯的根、茎、叶、花、果、匍匐茎和块茎都可发生晚疫病,最直观最容易判断的症状是叶片和块茎上的病斑。叶上多从叶尖或叶的边缘开始,先发生不规则的小斑点,随着病情的严重,病斑不断扩大合并,感病的品种叶面全部或大部分被病斑覆盖。湿度大时,叶片呈水浸状软化腐败,蔓延极快,在感病的叶片背面会有白霉,干燥时叶片会变干枯,质脆易裂,没有白霉。茎和叶柄感病时呈纵向褐色条斑,发病严重时,干旱条件下整株枯干,湿润条件下整株腐败变黑。块茎感病时形成大小不一、形状不规则的微凹陷的褐斑。病斑的切面可以看到皮下呈红褐色。

2. 发生条件和传播途径 晚疫病最易发生的条件是温度在 10℃~25℃,同时湿度较大,如田间有较大的露水,或连续降雨等。田间植株发生病害后,在合适温、湿条件下,叶片上形成大量的孢子囊和游动孢子,通过风和雨水的冲刷,将病菌孢子落入土壤感染块茎,或随风感染其他叶片。病菌以菌丝体的形式在块茎中越冬,播种出苗后成为中心病株,温、湿条件适合时,借助气流传播到周围的植株,迅速蔓延。带病的种薯是马铃薯晚疫病来年发生的主要病源。

3. 防治措施 马铃薯晚疫病蔓延速度非常快,一旦发生并开始蔓延,就很难控制。因此,要从多个方面来防止发生与蔓延。

首先,要选用抗病品种。其次,各栽培区域可根据当地栽培形式,适当调整播期,以避开晚疫病发生期。如北方一季作区适当早播,并选用早熟品种,在 8 月晚疫病流行期前形成产量,可避免一定的损失;同时,栽培时可加厚培土层,以降低薯块感染晚疫病病菌的比例。

晚疫病只能预防不能治疗,最重要的防治措施是药剂的定期防治。晚疫病病害的发生与蔓延是有条件的,因此各栽培区要根据当地晚疫病发生和蔓延的情况,总结经验教训,制定有效的防治计划,在晚疫病流行前进行药剂防治。一般在日平均气温在10℃~25℃之间,空气相对湿度超过90%达8小时以上的情况出现4~5天后,就要及时进行药剂防治。田间发现发病中心病株和发病中心后,应立即割去病秧,用袋子把病秧带出大田后深埋,中心病株周围应及时用药剂防治。

药剂防治可用70%代森锰锌可湿性粉剂,每667平方米用量为175~225克,对水后进行喷施。当在田间发现有病株出现,应选用85%瑞毒霉800~1 000倍液进行叶面喷施,可视发病情况连续防治2~3次,每次间隔7~10天。其他防治晚疫病的药剂有克露、杀毒矾、安克锰锌、瑞毒霉·锰锌等可湿性粉剂。

(二)疮痂病

马铃薯疮痂病分布很广,尤其在碱性土壤里,发病更多。除危害马铃薯外,还危害甜菜、萝卜等作物。疮痂病病原菌一般仅危害马铃薯的表皮部,而不深入到薯肉,但会严重损坏薯块的外观,使商品价值下降,影响马铃薯的种植效益。

1. 症状 疮痂病的症状只表现在块茎上,发病初期可见块茎上先发生褐色小斑点,以后逐渐变大,中央凹陷,边缘突起,表面变粗,质地木栓化。病斑上往往出现白色或灰色的粉末,尤其在刚收获时最为明显。

2. 发生条件和传播途径 温度、土壤含水量和土壤的酸碱度是影响病害发生最重要的环境条件。据调查,土壤温度在23℃~25℃时,块茎容易发病;一般认为,在干燥条件下更容易发生疮痂病,但在某些土壤中,长期潮湿的条件反而容易发生疮痂病,比如在蛭石中生产微型薯就会出现这样的情况;土壤的酸碱度是发生疮痂病的重要条件,在中性或微碱性的沙质土壤中,疮痂病的发病率最为频繁。

马铃薯疮痂病的病原菌可以在土壤中长期生存,土壤是传播疮痂病的主要途径;同时,带病种薯也是年复一年传播的重要途径。

3. 防治措施 一是选用抗病品种;二是注意轮作调茬,不在碱性的土壤中种植;三是通过施用硫黄粉增加土壤酸度,避免施入太多碱性的肥料如石灰或草木灰。

(三)早 疫 病

早疫病是马铃薯最普遍、最常见的病害之一,也称夏疫病、轮纹病。在马铃薯各个栽培区都有发生,华中、华南和东北地区较严重。早疫病对马铃薯最大的危害是茎叶受害干枯。严重者整株死亡,从而降低产量。早疫病还会使马铃薯块茎发生枯斑,降低商品薯的食用价值,有时还会导致块茎腐烂。除马铃薯外,还可以发生在番茄和茄子上。

1. 症状 早疫病危害马铃薯的叶片和块茎,叶片发生病害较常见一些。最初在叶片上出现小的褐色斑点,逐渐扩大成同心轮纹,近于圆形。发病严重的叶片病斑连成一片,叶子干枯,其上产生黑色茸毛状霉。一般植株下部叶片常常首先发病枯萎,逐渐向上蔓延。块茎受害后薯皮上出现暗褐色的微陷的圆形的或不规则形状的病斑,边缘清晰并稍微隆起。病斑下面的薯肉呈现褐色干腐。

2. 发生条件和传播途径 早疫病的发生和气候条件不很密切,凡是种植马铃薯的地区,不论一季作还是二季作,年年都有发生,没有特定的明显的气候条件。但早疫病的最初侵染,常常与马铃薯块茎的膨大同时发生,凡是不利于生长的气候条件和土壤条件都是诱发早疫病的有利因素。

早疫病的病菌孢子是借助气流和风力传播的。当马铃薯收获后,病菌在病株残体上或患病块茎上越冬,第二年出苗后传播。

3. 防治措施 早疫病的发生和植株生长状况有关,在生长季节充分提供植株健康生长的条件,尤其是浇灌和施肥,可增施磷、钾肥提高植株抵抗能力。一般晚熟品种较抗早疫病。当早疫病发生严重时,可用药剂防治,防治药剂及方法同晚疫病。

(四)癌 肿 病

癌肿病广泛分布在高海拔冷凉多雨的温带地区和高海拔的热带地区,如我国的云、贵、川三省的某些地区。癌肿病的发生常常伴随着粉痂病的同时发生。除了马铃薯外,其寄主还有番茄、黑茄等其他茄科类作物。

1. 症状 马铃薯癌肿病典型症状是在马铃薯的茎、顶部和块茎上产生大小不等的肿瘤,大的可以达到几个厘米,一般出现在地下,但在潮湿的条件下,也可能在茎和叶片上出现。开始时,肿瘤的颜色是白色和粉色的,甚至与正常的组织颜色相同。随着其生长的推进,肿瘤变黑并可能腐烂。地上部分的肿瘤可能因为不同品种呈现不同颜色,如红色、紫色或绿色。

2. 发生条件和传播途径 马铃薯癌肿病发生的适合温度为 $15℃\sim22℃$;土壤含水量对癌肿病的发生具有很重要的作用,当土壤含水量为其最大持水量的 $60\%\sim80\%$ 时,最易使癌肿病菌的孢子囊萌发。癌肿病对土壤的酸碱度不很敏感。土壤通气良好是病害发展的必须条件。

癌肿病的传播主要通过土壤完成,但在无病地区,种薯是主要的传播途径。

3. 防治措施 选用抗癌肿病的品种,并结合长期轮作(5年或更长),可以有效地防治癌肿病。封锁感病地区,禁止从感病地区调运种薯是控制癌肿病蔓延的重要途径。目前,还没有发现有效的防治癌肿病的化学药剂。

四、马铃薯细菌性病害及防治技术

(一)青枯病

马铃薯青枯病分布较广,在我国长江流域及其以南的西南单双季混作区和南方二季作区发生比较严重,在中原二季作区和北方一季作区也有发生,是对马铃薯危害严重的最主要的细菌病害之一,又称褐腐病、洋芋瘟。

1. 症状 青枯病是马铃薯微管束病害,在马铃薯的幼苗期和成苗期都有发生。大田中典型的症状是叶片、分枝或植株出现急性萎蔫的情况,甚至植株仍是青绿色就枯死了。有时,同一丛马铃薯,一株枯死,而另一株却还能健康生长;在病情发展缓慢的情况下,会出现叶片变黄、干枯和植株矮化的症状。发病植株茎的基部横切面的微管束变黄变褐,倒置于水中会从茎的横切面中流出乳白色的黏稠物。感病块茎的芽眼变褐色或浅褐色,严重的表现为环状腐烂,块茎的横切面不需要挤压就会流出白色菌脓。

2. 发生条件和传播途径 与青枯病有关的外界因素很多,其中主要的有温度、湿度和土壤环境。

青枯病发生的温度因病菌菌系的不同而差异很大,一般最适病菌生长的温度范围为 27℃～37℃,温度低于 10℃～15℃时不能存活;青枯病病菌不耐干燥,在土壤干燥的环境中不能存活,在高湿多雨条件下病害发生严重;青枯病在黏性土、沙性土和壤土中都有发生,其中中性偏酸性土壤更利于发病;另外,环境中存在感病的其他作物和感病杂草和土壤线虫时易发生病害。

马铃薯青枯病的侵染源较多,有带病的薯块、土壤和其他感病植物,甚至包括肥料。其中带病马铃薯是地区间传播的主要途径。

3. 防治措施 因马铃薯青枯病的传染源和影响发生危害的环境因素比较复杂,目前还没有比较有效的化学防治的方法,所以要从多方面着手,进行综合防治:一是精选无病种薯,建立无病种薯繁育体系,切断种薯传染源;二是实行马铃薯与非寄主植物间的轮作,避免土壤对病菌的传播;三是采用小整薯播种,避免切刀传染;四是各种植区可根据当地气候条件,调整播期,避开高温多雨的发病高峰期;五是不用带病的肥料,注意排水,防止灌溉水污染以及农机具的污染等。

(二)环 腐 病

马铃薯环腐病分布较广泛,是世界性病害,在我国各个栽培区域都有发生。

1. 症状 环腐病一般在马铃薯开花期以后发生,发病初期,叶脉间褪绿,呈斑驳状,逐渐变黄、变枯。叶片边缘也可以变黄变枯,并向上翻卷。发病一般从植株的下部叶片开始,向上发展到全株。在不同的环境条件下,不同的品种会有不同的症状。一种情况是植株出现矮缩、瘦弱、分枝少、叶小发黄,萎蔫症状不明显,而且在生长后期出现上述症状。另一种情况是植株急性萎蔫,叶片呈灰绿色并向内卷曲,植株提前枯死。感病植株的基部茎的维管束会变为褐色,但有时变色不明显。块茎轻度感病时症状不明显,随着病势发展,块茎皮色变暗或变褐;芽眼也变色,但没有菌脓溢出。病害严重时,表皮可出现裂缝。感病块茎的横切面可见维管束变黄或变褐,轻者呈不连续点状变色,严重的会出现环状变色,特别严重时,块茎可形成空腔。环腐病与青枯病块茎腐烂症状的区别是,环腐病必须用手挤压才可以从维管束中溢出白脓,而青枯病不需要挤压就能溢出菌脓。

2. 发生条件和传播途径　环腐病的发生和土壤温度与湿度有关,大田土壤温度在 18℃～20℃时,病害发生很快,而在高温(30℃)和干燥的条件下,病害发展停滞,症状出现推迟。

环腐病的主要传染源是带病的种薯,而且种薯也是跨地区传播的主要途径。扩大传染的最主要途径是切刀传染。

3. 防治措施　与青枯病相似,目前还没有发现有效的化学防治手段,因此要进行综合防治。一是建立无病种薯繁育体系,切断种薯传染源;二是精选无病种薯,淘汰带病种薯;三是采用小整薯播种,避免切刀传染;四是注意盛装容器的清洗和消毒;五是尽量选用抗病品种。

(三)黑胫病

黑胫病是分布较广、危害较大的马铃薯病害,在各栽培区域都有发生,有的年份发生非常严重,在贮藏期可引起块茎腐烂,严重的会造成烂窖,是对种植效益有较大威胁的病害。

1. 症状　黑胫病在植株上的典型症状是茎的基部呈墨黑色腐烂。病害一般从块茎开始,由匍匐茎传至茎基部,继而发展到茎上部,植株出现矮化、僵直,叶片变黄,小叶边缘向上卷。后期,茎基部发生墨黑色腐烂,植株萎蔫,最终倒伏、死亡。块茎发病一般从匍匐茎的脐部开始,初期脐部略微变色,随后病部逐渐扩大变黑褐,腐烂呈心腐状,最后整个薯块腐烂,有恶臭味。

2. 发生条件和传播途径 冷凉和潮湿是黑胫病发生的适宜环境条件,同时金针虫、蛴螬等地下害虫的为害有利于该病的发生和加重。黑胫病的主要传播途径是种薯和土壤。

3. 防治措施 一是建立无病种薯繁育体系,切断种薯传染源;二是精选无病种薯,淘汰带病种薯;三是采用小整薯播种,避免切刀传染;四是注重合理轮作;五是尽量选用抗病品种。

(四)软 腐 病

又称腐烂病,在各个栽培区都有发生。软腐病主要发生在贮藏期和收获后的运输过程中。在收获期间遇到阴雨潮湿天气或粗放操作,存放时不注意通风透气、散湿散热,可引起大量腐烂,造成严重损失。

1. 症状 软腐病主要发生在块茎上,有时也发生在植株上。病菌通过皮孔和伤口进入块茎,皮孔受病菌感染时,形成轻微凹陷的病斑,淡褐色或褐色,一般为圆形水浸状,直径0.3~0.6厘米;从伤口感染的块茎,形成不规则的病斑,病斑凹陷。在潮湿温暖的条件下,病斑可以扩大变湿软,髓部组织腐烂、呈灰色或浅黄色。植株感病后,一般是叶片、叶柄甚至茎部出现组织变软和腐烂的症状。

2. 发生条件和传播途径 贮藏期间高温、高湿、缺氧的条件下容易发生软腐病。传播的主要途径是感病块茎。

3. 防治措施 一是适时安全收获、贮藏，收获时避开高温潮湿的天气，收获前 7～10 天停止浇水，收获运输过程中注意避免机械损伤，贮藏期间注意通风透气；二是合理调茬轮作；三是采用小整薯播种，避免切刀传染；四是播种前晾晒种薯，淘汰病薯。

五、马铃薯病毒性病害及防治技术

(一)马铃薯卷叶病

马铃薯卷叶病是最重要的马铃薯病毒病，在所有马铃薯的栽培地区都有发生，是世界性的病毒病害，易感品种的产量损失可达 90% 以上，对马铃薯的种植效益影响很大。

1. 症状 初期症状是流行季节由蚜虫传播感染造成的，植株上部叶片卷曲，尤其是小叶的基部，这些叶片趋向直立并且一般是淡黄色。对许多品种而言，发病叶片的颜色也可能是紫色、粉红色或红色的。后期感染可能不会有症状。高感品种的块茎薯肉中有明显的坏死组织。次生症状(从被感染块茎长成的植株)表现为基部叶片卷曲、矮化、垂直生长及上部叶片发白。卷曲的叶片变硬并革质化，有时叶片背面呈紫色。

马铃薯卷叶病主要通过蚜虫传播，也可通过种薯传播。

2. 防治 可以在种薯繁殖时淘汰病株，筛选健康植株来定植。杀虫剂可以降低病毒在植株内的蔓延，但不能防止从别的邻近地块带毒蚜虫的感染。马铃薯卷叶病毒是可以通过热处理来消除的马铃薯病毒。应选用脱毒种薯和抗病品种从根本上防治马铃薯卷叶病。

(二)马铃薯花叶病

马铃薯花叶病可能由多种病毒引起,有时单独侵染引起花叶,有时多种病毒共同作用引起花叶。这些病毒是马铃薯 X 病毒、马铃薯 S 病毒、马铃薯 M 病毒、马铃薯 Y 病毒、马铃薯 A 病毒。

1. 症状 马铃薯 X 病毒可引起 10% 以上的产量损失,损失程度与病毒株系和品种有关。它通过马铃薯薯块和接触感染,而不是蚜虫感染,表现的典型症状是花叶。某些品种对特定病毒株系非常敏感,表现为顶部坏死;有的病毒株系会引起叶片皱缩。

马铃薯 S 病毒存在普遍,对产量影响不大。它通过块茎和接触传染,个别株系可通过蚜虫传播。感染通常是潜隐的,但有的会出现轻微的花叶和轻微的脉带。少数敏感品种会出现严重的青铜斑驳和叶片坏死,甚至落叶。

马铃薯 M 病毒不很普遍,通过薯块、接触和蚜虫传播,在某些品种上会出现轻花叶、重花叶和叶片皱缩,但通常是潜隐的。在特定环境下,易感品种叶柄和叶脉上有坏死斑点。

马铃薯 Y 病毒是马铃薯第二个重要的病毒性病害,它通过感病的块茎存在,并由蚜虫不断传播,可引起马铃薯 80% 的产量损失,是又一个对马铃薯种植效益造成威胁的病毒病。

马铃薯 A 病毒在许多方面类似 Y 病毒,但比 Y 病毒病害轻,产量损失约为 40%。症状随着病毒株系、马铃薯品种和环境条件不同而不同。易感品种症状明显,会出现脉缩、叶片卷曲、小叶叶缘向下翻、矮化、小叶叶脉坏死、坏死斑点、叶片坏死和茎上出现条纹。不太敏感的品种只发生轻微症状,或没有明显症状。

2. 防治　马铃薯 X 病毒、S 病毒、M 病毒、Y 病毒和 A 病毒的防治是通过无性选择和种薯繁育过程中淘汰病株,同时选用脱毒种薯和抗病品种是现实可行的措施。

(三)马铃薯帚顶病

马铃薯帚顶病在适合其真菌传媒马铃薯粉痂病菌的冷凉、阴湿的条件下发生,对某些易感品种可造成 25％的产量损失,同时往往伴随着粉痂病的发生,薯块失去商品价值。

1. 症状　马铃薯帚顶病是从土壤中首先感染薯块的,表现在薯块上的初期症状是在表面上出现轮纹,有时是褐色或坏死状,以圆弧形深入到块茎薯肉中。粉痂病斑(传染源)出现在帚顶病坏死环的中央。

茎叶的症状是次生的,有 3 种情况:在下部叶片上出现鲜黄色条纹,有时上部叶片也会出现;上部叶片出现苍白色 V 形纹;茎秆矮化(帚顶)。

该病毒能在土壤中存活,并主要通过土壤中和块茎上的休眠孢子传播到新的地区。带病种薯是否可以传播尚不能确定。

2. 防治　用硫和氧化锌处理感病土壤可以防止传染。对症状明显的品种,及时淘汰病株可以有效地控制传播。

六、马铃薯生理性病害及防治技术

马铃薯除感染真菌性病害、细菌性病害和病毒性病害外,还有一些非病源性的生理病害,发生也很普遍,其危害和造成的损失有时也十分严重。因此,在种植过程中要了解这些病害,并避免其造成的损失。

（一）矿物质营养缺乏症

马铃薯为高产作物，在生长期内需要补充丰富的营养物质，所需矿物质元素有十几种，有氮、氢、氧、磷、钾、钙、镁、硫、钠、硅、铁等，这些矿物质元素在马铃薯生长发育中起着重要的作用，长期或大量缺乏任何一种所需矿物质都会引起缺素症，严重的可不同程度地影响到产量。在这里介绍几种主要的缺素症以及防控途径。

1. 缺氮　氮素是比较容易缺乏的元素，在低温多雨的年份，特别是缺乏有机质的沙土或酸性过强的土壤中，往往容易发生缺氮现象。

氮素不足，植株生长缓慢、矮小，叶片首先从植株基部开始呈淡绿或黄绿色，并逐渐向植株顶部扩展；叶片变小、变薄，趋向直立，每片小叶首先从叶缘褪绿变黄，并逐渐向叶中央发展。严重缺氮时，到生长后期，植株基部的老叶全部失去叶绿素，变为淡黄色和白黄色，最后脱落，只留顶部很少的小绿色叶片。

为防止缺氮，要根据土壤肥情和生育期的需要，合理施用氮肥。

2. 缺磷　磷肥的主要功能是促进体内各种物质的转化，提高块茎干物质和淀粉的积累作用，还能促进根系发育，提高植株的抗旱、抗寒能力。缺磷主要在土壤中发生，主要表现在种植在该土壤的植株上。

缺磷症状初期比较明显，植株生长缓慢、矮小、细弱、僵立，缺乏弹性，分枝减少；叶片和叶柄均向上竖立，叶片变小细长，叶缘向上卷曲，叶色暗绿而无光泽；严重时，植株基部小叶的叶尖首先褪绿变褐，并逐渐向全叶发展，最后，叶片枯萎脱落。症状从植株基部开始发生,逐步发展到全植株。缺磷还会使根系和匍匐茎数量减少,有时块茎内部发生锈褐色创痕。

为了防止缺磷引起的马铃薯减产,在马铃薯播种的同时要施入氮磷速效复合肥,尤其在酸性土壤、黏重土和沙性土壤上播种马铃薯时,更应注重磷肥的补充。

3. 缺钾 钾肥在马铃薯植株体内主要起调节生理功能的作用,缺钾现象常易出现在沙质土壤和泥炭土种植的马铃薯上。

钾不足时,植株生长缓慢,甚至完全停顿,节间变短,植株呈丛生状;小叶叶尖萎缩,叶片向下卷曲,叶表粗糙,叶脉下陷,叶尖及叶缘由绿变为暗绿,随后变黄,最后发展至全叶呈古铜色。叶片暗绿色是缺钾的典型症状,症状从植株的基部叶片开始向上部发展,当下层叶片干枯,而顶部和新叶仍呈正常生长状态。缺钾还会造成根系发育不良,匍匐茎缩短,块茎变小,内部呈灰色,淀粉含量降低。

我国北方地区土壤缺钾不严重,南方地区缺钾较普遍。如果出现缺钾症状,可叶面喷施 0.3%～0.5%磷酸二氢钾液,每隔 5～6 天喷 1 次,直至缺钾现象消失。

4. 缺镁 镁是叶绿素的构成元素之一,与同化作用密切相关,作为酶的活化剂,参与多种生理活动。缺镁一般常在酸性和沙质土壤中发生;钾肥过多会抑制镁的吸收,从而引起缺镁。

缺镁时,由于叶绿素不能合成,从植株基部小叶边缘开始由绿变黄,然后,叶脉间的叶肉进一步黄化,而叶脉还残留绿色。缺镁严重时,叶色由黄变褐,叶片变厚变脆而向上卷曲,最后病叶枯萎脱落,病症从基部向上逐步发展。

缺镁症和缺钾症很相似,在田间很难区分,主要的不同点是缺钾叶片向下卷曲,缺镁叶片向上卷曲。

在缺镁的土壤中多施镁肥有显著的增产效果,在田间发现缺镁症状时,可以叶面喷施 1%～2%硫酸镁溶液,每隔5～7 天喷施 1 次,直到缺镁症状消失。

(二)其他生理性病害

1. 低温冷害 低温对马铃薯的幼苗、成株和贮藏中的块茎,都能造成不同程度的危害。在北方一季作区,低温冷害常有发生。在幼苗期如果遇到 0℃或 0℃以下的气温时,马铃薯幼苗就会发生霜害或冻害,受害后,幼叶首先萎蔫变褐,进而枯死;轻微受冻还没有凋萎的叶片停止生长,变成黄绿色,叶片皱缩、畸形,以后逐渐枯萎。随后从没有受冻的茎节上产生新的枝条和叶片,但生长缓慢,严重推迟了生育进程。

为了预防低温冷害,应根据各地不同的气候条件和无霜期的长短,选择适宜生育期的品种,适时播种和收获,以避开晚霜或早霜的危害。

2. 高温伤害 高温伤害主要发生在北方一季作区,在生育期间有时气温高达 30℃以上,有时高温与干燥同时出现,由于叶片失水,造成小叶尖端和叶缘褪绿,最后叶尖变成黑褐色而枯死,这种现象俗称“日烧”。枯死部分叶片向上卷曲。

防止高温危害的有效方法是在盛夏高温干燥天气来临之前,进行田间灌溉,同时可以增施有机肥料,增强土壤保水能力。

3. 缺氧 缺氧是针对块茎发生的一种伤害。块茎对氧的需要在 0℃时很高,在 5℃时很低,从 5℃～16℃需氧量逐渐增加,在 25℃以上时需氧量非常高。因此,在田间或贮藏期间温度过高或过低时块茎中央会发生缺氧,缺氧可以造成块茎黑心,最后腐烂;还可以造成块茎内部灼烧坏死,受害组织变成铁锈色。

有缺氧症状的块茎不能再做种薯。在马铃薯死秧后应立即收获,以避免田间土壤高温。贮藏温度不应低于2℃~4℃,并改善贮藏期间的通风条件。

4. 化学物质伤害　　不适当的施用化肥、农药、激素等,会引起多种伤害,如引起种薯腐烂、限制根系生长、烧伤叶片等。

除草剂可引起马铃薯植株变形矮化,叶片卷曲,失绿坏死。新生的块茎因内部或外部的坏死组织而变形,块茎可能受前茬除草剂的影响,有时因邻近的地块施用除草剂而受害。受害症状与除草剂种类有关。

杀虫剂和杀菌剂使用不当,或浓度过大,常会伤害植株叶片,使叶片主脉间的组织严重焦枯,叶片边缘也可能发生焦枯。

5. 空气污染伤害　　空气中的有害物质也会造成对马铃薯的伤害。氧化硫可引起马铃薯叶片失绿,主脉间叶片漂白或发焦。光化学氧化物可引起马铃薯早熟及植株早衰,从底部叶片开始发黄和早死。

6. 非病毒性卷叶　　马铃薯叶片卷曲有多种原因,不一定全部为病毒引起。养分不足,光照过度,生理异常,长白昼影响等都会引起马铃薯田间出现一致的卷叶现象。卷叶也可能是品种特性。同时蚜虫为害严重时,顶部叶片也会出现卷叶症状。

非病毒性卷叶不是侵染性的,而且发生卷叶的植株产量并不受太大影响。因此,正确判断卷叶的原因,在种薯生产中特别重要。

七、马铃薯主要虫害及防治技术

为害马铃薯的虫害较多,在这里仅介绍主要虫害的为害症状和防治方法。

(一)桃蚜和其他蚜虫

蚜虫又称腻虫,可以发生在不同作物上,个体很小很软,常群集在嫩叶的背面,吸取液汁,严重时叶片卷曲皱缩变形,甚至干枯。桃蚜是马铃薯主要病毒的传播媒介,蚜虫对马铃薯的为害不光表现在当代的枝叶上,更重要的是后代的病毒危害上。因此,防治蚜虫在马铃薯繁种田的管理中是至关重要的工作。

蚜虫是孤雌生殖,繁殖速度很快,每年可以发生 10～20代。有翅蚜虫随风可迁徙很远的地方。暴雨大风和多雨季节不利于蚜虫的迁飞和繁殖。

蚜虫的防治方法可分为 2 种,一种是目前提倡的生物防治,另一种是传统的药剂防治。生物防治主要是利用蚜虫的天敌(如瓢虫科的甲虫和食蚜虫的黄蜂)和能致死蚜虫的微生物(如虫霉)。药剂防治可供选用治蚜的化学药剂很多,可根据当地情况选择使用,但应优选对蚜虫有选择性而对其天敌没有伤害的药剂。

应当提到的是,在马铃薯种薯繁育中,应采取综合防治措施:一方面根据当地条件,调整播期,尽量避开蚜虫迁飞高峰;另一方面,要定期进行药剂防治,杜绝蚜虫为害,保证种薯质量。

（二）其他虫害

1. 地老虎 又叫截虫、土蚕。种类很多，为害马铃薯的主要是小地老虎、黄地老虎和大地老虎，分布全国各地，以幼虫在夜间活动为害马铃薯的茎叶和块茎。3龄前幼虫为害茎叶，3龄后入土为害根茎，严重时，咬断叶柄、枝条和主茎，造成缺株断垄；结薯期开始为害块茎，将块茎咬食成大小、深浅不等的虫孔，使马铃薯失去商品价值，严重影响马铃薯的种植效益。

防治方法如下：

一是清除杂草，减少地老虎雌蛾产卵的场所，减轻幼虫的为害。

二是灯光诱杀。利用成虫的趋光性，在田间安装黑光灯诱杀成虫。

三是糖醋液诱杀。红糖6份，白酒1份，醋3份，水10份，90%敌百虫1份，调配均匀，放入盆中夜晚分放至田间，每隔2～3天补充1次糖醋液。

四是毒饵诱杀。将炒黄的麦麸（或豆饼、玉米碎粒等）与2%敌百虫水溶液充分搅拌均匀，傍晚分撒在田间。拌毒饵也可选择其他杀虫剂。麦麸也可以用切碎的青菜或灰灰菜代替。

五是药剂防治。3龄前幼虫可选用杀虫剂地上喷施防治，3龄入土以后可将杀虫剂顺水冲入土壤防治。

2. 蝼蛄 又叫拉拉蛄、土狗子。对马铃薯为害比较普遍的蝼蛄有非洲蝼蛄和华北蝼蛄，在盐碱地和砂壤地为害较重。蝼蛄一般在春季地温回升后开始活动，昼伏夜出，在土壤表层潜行，咬食马铃薯幼根和嫩茎，造成幼苗枯死，缺棵断垄。还可以为害很多种作物。蝼蛄在温度高、湿度大、闷热的夜晚大量地出土活动。蝼蛄有趋光性,并对香甜的物质以及马粪等有机肥具有强烈的趋性,喜欢潮湿的土壤。

防治方法如下:

一是毒饵诱杀。具体方法参见地老虎的防治。

二是黑光灯诱杀。晚上7～10时在没有作物的空地上进行,在天气闷热的雨前诱杀效果更好。

三是马粪诱杀。在为害的地块边上堆积新鲜的马粪,诱集捕杀。

3. 蛴螬 是大黑金龟子的幼虫,又名蛴虫。在地下活动,咬食幼嫩的根、茎和块茎,使块茎失去商品价值。当10厘米地温在 $13℃～18℃$ 时活动最盛,为害也重。土壤湿度大,阴雨连绵的天气为害严重,对未腐熟的有机肥有强烈的趋性。

防治方法如下:

一是有机肥在施用前要充分腐熟,以杀死幼虫和虫卵,减轻为害。在施用未腐熟的有机肥前,拌入有效的杀虫剂,如敌百虫、辛硫磷乳油。

二是合理施用化肥,可以收到一定的防治效果,碳酸氢铵、腐殖酸铵、氨水、氨化磷酸钙等化肥散发出的氨气对蛴螬有一定的驱避作用。

三是药剂防治。合理选择杀虫剂,进行灌杀,同时应注意药剂对马铃薯安全性的影响。

4. 茶黄螨 除为害马铃薯之外,还可以为害黄瓜、茄子、番茄等蔬菜,由于茶黄螨的个体很小,肉眼难以观察到,常被误认为是生理性病害或病毒病害。茶黄螨主要为害马铃薯的嫩茎叶,特别是中原二季作区发生较严重,发生严重时马铃薯呈油褐色枯死,造成严重减产。成螨和幼螨集中在幼嫩的茎和叶片的背面刺吸液汁,使叶片畸形。受害叶片背面呈黄褐色,有油质状光泽,叶片向叶背面卷曲。嫩叶受害后叶片变小变窄、呈暗绿色,嫩茎变成黄褐色、扭曲畸形。

防治方法如下:

一是农业防治。许多杂草是茶黄螨的寄主,应及时清理田间、地边、地头的杂草,消灭寄主植物,杜绝虫源。马铃薯种植地块尽量不要与菜豆、辣青椒、茄子等作物相邻,以免传播。

二是药剂防治。可选用市售的合适的杀螨药剂如克螨特乳油等进行叶面喷施。茶黄螨生活周期短,繁殖能力强,应特别注意早期防治。

5. 马铃薯块茎蛾 它是毁灭性的害虫,主要分布在长江以南各省以及河南、甘肃、陕西等地。幼虫为害马铃薯的叶片,多沿叶脉蛀入,吃食叶肉,仅留上下表皮,使叶片呈半透明状,形状不规则,粪便排于隧道的一边,因此又称绣花虫、串皮虫等。幼虫在田间也为害块茎,使块茎形成弯曲的孔道,贮藏期间,为害加重,严重影响其产量和品质。

防治方法如下:

一是马铃薯块茎蛾是检疫对象,应加强检疫,避免从发生地区调种而引起虫害的扩大。

二是及时培土,在田间切勿使块茎露出地面,以免成虫将卵产于块茎上。

三是马铃薯收获后应及时运回,不能在田间过夜,防止成虫在夜间和清晨活动产卵,造成大量块茎受害。

四是在块茎入库后,及时用杀虫剂喷洒薯堆。

五是药剂防治。在成虫盛发期,可喷施 10％赛波凯乳油2 000倍液或 0.12％天力Ⅱ号可湿性粉剂 1 000 倍水溶液来进行防治。

第六章　马铃薯的贮藏保鲜

一、马铃薯贮藏保鲜的误区

马铃薯块茎水分多而且营养丰富,如果贮藏方法不当,非常容易造成腐烂而使贮藏损耗率升高,同时还会引起马铃薯的生理状态与化学成分的不良变化,影响马铃薯块茎的品质。尤其在广大的北方马铃薯生产区,马铃薯要经过较长的贮藏期,如果贮藏不当,会造成严重损失。因此,必须掌握马铃薯块茎在贮藏过程中与环境条件的关系和要求,并在贮藏期间采取科学合理的管理方法,以减少贮藏期间的损耗,实现安全贮藏。

(一)收获及贮藏前处理的误区

误区一:片面追求马铃薯块茎的产量,认为各个地区、不同品种及用途的马铃薯都是在完全成熟时收获为宜,这是传统的对马铃薯收获期认识的误区。

误区二:认为马铃薯种植管理过程是栽培马铃薯的关键所在,只要管理得当就能取得好的收益。对正确的收获方法缺乏足够的了解和认识,从而影响了马铃薯的产量、品质和安全贮藏。

误区三:为延长马铃薯贮藏保鲜的时间,收获前后采用不恰当的方法对马铃薯进行处理,影响了马铃薯的科学贮藏以及作为种用、食用等的品质。

(二)贮藏管理方面的误区

误区一:对马铃薯块茎贮藏期间的复杂的生理生化变化过程认识不足,影响了马铃薯科学贮藏管理的有效实施。

误区二:马铃薯贮藏期间要求有一定的温度、湿度和空气条件,但是人们对这个要求的严格性和复杂性重视程度不够,因而不能严格满足马铃薯的贮藏环境条件要求,从而影响了贮藏效果和经济效益。

误区三:不同用途的马铃薯对贮藏条件的要求截然不同,采用相同的贮藏条件贮藏,各类专用型马铃薯不能达到和保持其最适形态、生理状态和优良品质。这是对不同用途马铃薯的认识和管理上的一个误区。

二、马铃薯贮藏保鲜的原则和方法

针对马铃薯贮藏保鲜方面存在的这些误区,必须从理论上正确认识马铃薯贮藏保鲜的重要性和复杂性,实践上对马铃薯进行科学的贮藏管理,这样才能充分发挥马铃薯的增产增效优势,保障马铃薯的种用、食用品质和种植效益。

(一)收获及贮藏前的处理

1. 收获期 应根据不同的目的,确定马铃薯具体的收获期。其依据如下。

(1)依栽培目的而定 食用薯块和加工薯块以达到成熟期收获为宜,马铃薯在生理成熟期时收获产量最高。马铃薯生理成熟的标志是:一是叶色变黄转枯;二是块茎脐部易与匍匐茎脱离;三是块茎表皮韧性大,皮层厚,色泽正常。种用薯块应适当早收,一般可提前 5～7 天收获,以利于提高种用价值,减少病毒侵染。收获时间一般是:平原地区在 5 月下旬至 6 月中旬,半高山地区在 6 月下旬至 7 月上旬;高山地区在 7 月中下旬。我国北方春种的马铃薯,多在 7 月份雨季来临前收获,否则,收获过晚容易造成烂秧。夏、秋播种的多在 9 月中旬收获。市场行情好时,因轮作需要安排下茬作物时,也可早收。有时为了把大块茎提早上市,采取"偷"薯的办法,即先把每株上的大块茎摘收,而后加肥、培土、浇水。只要不损伤植株根系,仍可正常生长,剩下的小块茎仍有较高的产量。

(2)依气候而定 平川区下霜迟,无霜期长,可等茎叶完全枯黄成熟时收获。丘陵山区下霜早,无霜期短,为防止薯块受冻,可在枯霜来临前收获。秋末霜后,虽未成熟,但霜后叶枯茎干,不得不收。有些地方地势低洼,为避免涝灾,必须提早收获。

(3)依品种而定 早、中熟品种依成熟收获。晚熟品种常常不等茎叶枯黄成熟即遇早霜,所以在不影响后作和不受冻的情况下,适当延迟收获。

总之,应考虑多种因素和各种情况,根据需要确定收获期。收获时应选择晴天,避免雨天收获,防止因薯皮摩擦而导致病菌入侵发生腐烂影响贮藏。

2. 收获方法 马铃薯的收获直接关系到产量和安全贮藏。只有做好收获准备、收获过程安排和收获后处理等各种环节,才能避免因收获不当而影响产量和品质。收获方法因机械化水平和经济条件不同而异,一般包括除秧、挖掘、拣薯、贮藏前分级和运输等过程。在这些操作过程中应将薯块损伤减少到最低限度。

(1)除秧 马铃薯收获前要割掉茎叶,清除田间残留的子叶,以免病菌传播。可根据不同的栽培目的、用途和适宜的干物质含量,用除秧的方法来控制薯块的生长和具体的收获日期。

(2)收获前准备 检修收获农具,不论机械或木犁都应检修好备用,最好用条筐或塑料筐装运,还要准备好入窖前的临时预贮场所。

(3)收获过程的安排 收获方式可用机械、木犁、人力挖掘。收获过程中应尽量减少机械损伤。此外,收获要彻底,第一次拾捡后应进行第二次拾捡,防止块茎大量遗漏在土中。不同品种应注意分别收获,防止收获时混杂,特别是种薯,应绝对保正纯度。

(4)收获后处理 收获的块茎要及时装筐运回,不能放在露地,更不宜用病秧遮盖。要防止日晒、雨淋,以免堆内发热腐烂和外部薯皮变绿,芽眼老化和形成龙葵素,降低种用和食用品质。注意先收种薯、先运种薯,后收商品薯、后运商品薯。要轻装轻卸,不要使薯皮大量擦伤或碰伤,并应把种薯和商品薯存放的地方分开,以防混杂。

3. 如何延长薯块贮藏时间 马铃薯的贮藏时间受多种因素的影响,采用合理的方法采前、采后对马铃薯进行处理,可以延长薯块的贮藏时间,提高种植马铃薯的经济效益。

(1)采前处理法 多用青鲜素(MH)处理。可采用青鲜素做叶面喷洒(具体时间与剂量要根据品种特性与长势而定,长势旺、不耐贮藏的剂量略高,反之略低),可以抑制采后萌发,延长贮藏时间。若采前处理再结合适当低温贮藏则效果更佳。应当注意的是,药剂对块茎有副作用,使贮藏后品质变差。采前处理后,块茎上芽的萌发能力弱,抽生的芽纤细,多数不能长成正常植株,因此不宜做种用。

（2）采后处理法　应用萘乙酸甲酯（MENA）对采后贮藏的马铃薯进行处理，以延长其休眠和贮藏期，是植物生长调节剂在生产中应用最成功的事例之一。现在，世界上数以百万吨的马铃薯都以这种方法保存。应用方法有 2 种：其一是把萘乙酸甲酯与细土等填充剂混匀，再掺到采后两个月的薯堆里；其二是先将萘乙酸甲酯溶解后喷在纸屑上，再与薯块混匀。两种处理方法处理后均应贮藏在密闭库中，以利于萘乙酸甲酯挥发后作用于芽，这种方法抑芽效果明显，并可保持块茎的新鲜度，其营养价值较未处理块茎提高 10%～14%。块茎取出后，摊在通风场所，让块茎里残留的药剂挥发掉，药效即可解除。阳光下放置一段时间，即能照常发芽，并能长成正常的植株。

此外，刚收获的种薯湿度比较大，温度也比较高，应将薯块放在 10℃～15℃的阴凉场地预贮 2～3 周，使块茎表面水分蒸发，伤口愈合，薯皮木栓化，并使病薯的症状表现明显，便于剔除，从而提高薯块的耐贮性和抗病能力。预贮场地应宽敞、通风良好，具有遮阳设施，避免薯块见光变绿。种薯应散放，堆高不要超过 2 米。在薯皮老化和薯块伤口愈合前应避免分级和运输。预贮后应剔除损伤的薯块和石头，并对薯块进行大小分级，严格淘汰病、烂、伤、杂及畸形薯。袋装种薯不宜太满，以免薯块在运输中搓伤，或入库后发病便于处理。微型种薯每网袋不得超过 2.5 千克。食用的块茎尽量放在暗处，通风要好。入窖前把病、烂、虫咬和损伤的块茎全部挑出来。

（二）贮藏期间薯块的生理变化

马铃薯块茎既是贮藏器官，又是繁殖器官。作为贮藏器官，马铃薯块茎贮藏着丰富的营养物质，这些营养物质在贮藏过程中，受各种环境条件的综合影响，会发生一系列的生物化学变化,这些变化会直接影响到块茎营养成分的变化,进而影响经济价值和经济效益。块茎作为繁殖器官繁衍后代,芽萌发后,经历着一系列的生长发育以及衰老过程,这些都会反映到块茎的生理过程和组织活性的变化上。掌握块茎贮藏期的生理变化规律,是进行科学贮藏管理块茎的理论依据。

1. 块茎贮藏期的生理阶段 马铃薯块茎在贮藏期间,会经过后熟期、休眠期、萌发期 3 个生理阶段。

(1)后熟期 收获后的马铃薯块茎还未充分成熟,各薯块的生理年龄不完全相同,此时块茎的生态特点是表皮尚未充分木栓化,含水量高,表面粘附了泥土,外界温度高。处于这个时期的块茎呼吸旺盛,放热量多,湿度大,不少块茎由于收获和分级等受损的伤口尚未愈合,在适宜的温、湿度下,极易被病菌感染。所以该期块茎呼吸消耗多,重量急剧下降,需要半个月到 1 个月的时间才能达到成熟,称为后熟期。这一阶段块茎的呼吸强度由强逐渐变弱,表皮木栓化,伤口得以愈合,块茎内的含水量迅速下降,同时释放大量的热量,各项生理生化活性逐渐下降,块茎渐渐进入深休眠状态。这一阶段又叫休眠预备阶段。刚收获的马铃薯要在背阴通风处预贮 15 天左右,度过后熟阶段后再装袋入库或窖。

(2)休眠期 后熟阶段完成后,块茎芽眼中幼芽处于稳定不萌发状态。这时表皮开始木栓化,伤口愈合,块茎表面干燥。块茎呼吸强度及其他生理生化活性下降并渐趋于最低,这一阶段块茎物质损耗最少,有利于贮藏。马铃薯的生理休眠期,一般有 2～4 个月,因品种不同而异。一般而言,晚熟品种休眠期长,早熟品种休眠期短。成熟度不同,休眠期长短也不同。在生长中期采收的尚未成熟的马铃薯块茎,休眠期比大小相等但在成熟期采收的长。贮藏温度也影响休眠期的长短,在适宜

低温条件下贮藏的薯块休眠期长,特别是贮藏初期的低温对延长休眠期十分有利。休眠期有以下 2 种情况:

①自然休眠期 马铃薯块茎中的芽眼在环境条件适合发芽的情况下,由于生理上的关系而不萌动发芽的时期。

②被迫休眠期 块茎经过一段时间的休眠后已具备了发芽的可能性,但由于外界环境条件不利于芽的萌动和生长,仍处于休眠状态。贮藏过程中可以根据需要人为地调节贮藏条件,控制被迫休眠期的长短。

(3)萌发期 马铃薯通过休眠期后,在适宜的温、湿度下,幼芽开始萌动生长,块茎重量明显减轻。这是马铃薯发育的持续和生长的开始,块茎各项生理生化活动进入了一个新的活化阶段。

2. 块茎贮藏期间的生理生化变化 块茎整个贮藏阶段,会发生一系列"高活性—低活性—高活性"的生理生化变化。块茎内的化学成分也在不断地变化。整个变化过程与块茎的品质和加工利用有关。生理生化变化主要为组织结构的变化、伤口的愈合、块茎的失水、块茎的呼吸作用、块茎贮藏物质和内源激素的变化等。

(1)块茎组织结构的变化 表皮不断木栓化,通过休眠后,在芽眼处形成一个明显的幼芽,并随着贮藏期的延长,萌发芽数增多。

(2)伤口的愈合 收获时除了从匍匐茎脱离处有伤口外,还由于收获过程的机械损伤、运输和分级筛选等过程,都会造成一定的擦伤和裂口,但是伤口并不持续裂开,在环境条件适宜时就会愈合,从而可以减少水分的蒸发和病菌的入侵。伤口愈合后,在伤口表面形成木栓质,随后产生几层木栓化的周皮细胞,把伤口填平。在块茎贮藏之初的 2～3 周内,温度保持在

15℃～20℃,空气相对湿度85%～95%,适当的通风,增加氧的含量,减少二氧化碳浓度,可以促使伤口尽快愈合。

（3）块茎的失水　在贮藏过程中,块茎的失水是不可避免的,但块茎过度的失水会造成块茎的萎蔫,从而降低食用块茎的商品价值和种用块茎的生活力。块茎的失水主要通过薯皮上的皮孔、薯皮的渗透、伤口和芽。不同品种在同样条件下失水速率是有差异的,一般皮厚的品种失水少于皮薄的品种。

（4）块茎的呼吸作用　块茎在呼吸过程中吸收氧气,消耗块茎中的碳水化合物,产生二氧化碳和水蒸气,同时释放出热量。这会影响块茎贮藏环境的温度、湿度及空气成分的变化,从而影响贮藏块茎的质量。块茎贮藏期间的呼吸强度,因块茎的生理状况、贮藏环境以及品种本身遗传特性的不同而有很大变化。刚收获的块茎尚处于浅休眠状态,呼吸强度相对较高,随着休眠的深入,呼吸强度逐渐减弱。块茎休眠结束后,呼吸强度又开始升高,芽萌动时呼吸强度急剧升高,随着芽条的生长,呼吸进一步加强。收获后未成熟块茎比成熟块茎呼吸强度高,块茎的机械损伤和病菌的感染也会导致呼吸的迅速加强。温度是影响块茎呼吸的最主要环境因素。据研究,贮藏温度在4℃～5℃时呼吸强度最低,5℃以上则随着温度的升高,呼吸增强。氧气不足会导致呼吸降低,高温下缺氧会导致窒息而造成块茎的黑心。

（5）块茎化学成分的变化　在块茎的贮藏过程中,营养成分不断地发生变化,这些变化直接影响到块茎的营养成分及其含量的变化,从而影响到块茎的食用品质、工业加工工艺程序、成品品质和经济效益,同时也影响到块茎种用的价值。了解块茎组分在贮藏期间的变化规律,可以进行人为地调控。

①碳水化合物的变化　刚收获块茎的干物质中95%以

上是碳水化合物,而碳水化合物中 95％以上是淀粉,此外还有蔗糖、葡萄糖、果糖等。在整个贮藏期间,这些成分不停地相互转化。刚收获的块茎糖的含量低,随着贮藏期的延长,块茎的糖含量不断增加,淀粉含量逐渐减少。块茎内淀粉含量在 $10℃～15℃$ 下较稳定,$10℃$ 以下淀粉含量下降,糖分含量逐渐增加。还原糖的增加使块茎容易发生褐变从而降低加工品质。块茎糖分增加的速度主要取决于贮藏温度和贮藏时间。低温是导致糖分增加的主要因素,但是将低温贮藏的块茎放置在室温下贮藏一定时间,会出现糖分减少而淀粉增加的高温回降效应。此外,块茎经过长时间贮藏后,在发芽受抑制的情况下(化学方法或去芽),会出现糖化速度逐渐加快,块茎糖分含量增加的"衰老糖化"现象,这种糖分含量增加是不可逆的自然变化。

②其他成分的变化 块茎蛋白质随着贮藏期的推延而减少,但在收获后至休眠期的变化很小,发芽后,蛋白质明显减少。块茎内维生素 C 的损失主要在贮藏期间,随着贮藏期的延长,维生素 C 的含量直线下降。刚收获后的块茎不发芽,块茎中促进生长和抑制生长的植物激素处于平衡状态。随着贮藏的变化,这种平衡被打破,在休眠期 ABA 含量高。打破休眠后和芽条生长期间含量又下降。在块茎发芽期间 IAA 和乙烯含量增加。在整个贮藏期,块茎中的酶也发生很多变化,从而引起一系列的物质分解和合成。

3. 块茎的贮藏损耗 马铃薯块茎在贮藏期间的损失是不可避免的。马铃薯在贮藏期间块茎重量的自然损耗是不大的,引起损失的原因一般为:蒸发、呼吸、发芽、被细菌或真菌侵染和虫害等,伤热、受冻、腐烂所造成的损失是最主要的。

(1)蒸发损耗 马铃薯块茎含有 80％的水分,贮藏期间主要的重量损失是失水。薯块、薯皮受伤未愈或薯块发芽,都会引起严重的蒸发损失。但是,贮藏期间必须保持薯堆空气流通或通风,以保持块茎表面干燥,从而除去呼吸作用产生的热量,并给薯块供应足够的氧气,因此失水是无法避免的。

(2)呼吸损失　刚收获的块茎呼吸作用旺盛,在温度增高或块茎受伤染病等情况下呼吸强度更高。在贮藏期间,块茎水分散发,经过贮藏,块茎约损失总量的 $6.5\% \sim 11\%$。实践证明,贮藏温度在 $4℃ \sim 8℃$ 时的损失是最小的。

(3)发芽损失　发芽引起的巨大损失是由于蒸发、呼吸增强及碳水化合物从薯块向芽的转移。随着温、湿度的增加,芽的生长速度加快。温度在 $2℃ \sim 4℃$ 时很少发芽。因此,要长时间贮藏时,贮藏温度应控制在 $4℃$。作为食用和加工的块茎要采取措施防止发芽,如喷抑芽剂等。但是,当温度超过 $18℃$ 时,使用目前的抑芽剂作用很小。

(4)由真菌、细菌及害虫引起的损失　马铃薯在贮藏期间,由于病害的侵染会造成严重的损失,尤其是在贮藏薯块已经部分受侵染、被机械损坏或表皮幼嫩时,病菌侵入块茎后,呼吸作用加强,细胞组织软化腐烂,严重者会导致块茎既不能作为商品食用,也不能做种薯。贮藏期间引起软腐的主要病害有黑胫病、青枯病、环腐病、早疫病、晚疫病等。引起干腐病的主要病害有镰刀菌干腐病、炭腐病、粉痂病等。贮藏期间的主要虫害是马铃薯块茎蛾,会引起薯块的严重损害。多数情况下,良好的通风和尽可能的低温可减轻真菌、细菌的损失,块茎蛾在低于 $10℃$ 时也不活动,低于 $4℃$ 时死亡。

(三)贮藏的环境条件要求

1. 不同用途薯块对贮藏条件的要求　影响马铃薯块茎

贮藏的内部因素有 2 个,一是品种的耐贮性,二是块茎的成熟度。在同样的贮藏条件下,有的品种耐贮性强,有的品种耐贮性差。因此,应选择适于当地贮藏条件的品种。另外,成熟度好的块茎,表皮木栓化程度高,收获和运输过程中不易擦伤,贮藏期间失水少,不易皱缩。而且,成熟度好的块茎,其内部淀粉等干物质积累充足,大大增强了耐贮性。未成熟的块茎,由于表皮幼嫩,未形成木栓层,收获和运输过程中易受擦伤,为病菌侵入创造了条件。由于幼嫩块茎含水量高,干物质积累少,缺乏对不良环境的抵抗能力,因此贮藏过程中易失水皱缩和发生腐烂。

马铃薯贮藏的目的主要是保证食用、加工和种用品质。不同用途的专用马铃薯对贮藏条件有不同的要求。应根据马铃薯的用途、贮藏时间的长短、贮藏期间外界的气温、所贮藏薯块的质量和数量,以及贮藏前马铃薯的处理方法等具体情况,选择最恰当的贮藏技术,采用科学的方法进行管理,才能避免块茎腐烂、发芽和病害蔓延,保持其商品和种用品质,降低贮藏期间的自然损耗。

(1)商品薯的贮藏要求 主要指食用薯贮藏。应尽量减少水分损失和营养物质的消耗,使块茎始终保持新鲜状态。若长期贮藏,需要 4℃~6℃ 的低温;短期贮藏,可承受较高的温度。必须指出,食用薯要黑暗贮藏,否则薯块变绿,龙葵素含量增加,人、畜食后可引起中毒,甚至有生命危险。

(2)种薯的贮藏要求 种薯通过贮藏应当有利于在播种时快速发芽和出苗。因而,贮藏温度应当适应贮藏期的需要。长期贮藏,温度若不能控制在 2℃~4℃ 条件下,常会在贮藏期间发芽。如不及时处理,会大量消耗养分,降低种薯质量。无法达到低温条件时应把种薯放在散射光下贮藏,延缓种薯衰老,抑制幼苗生长。如果种薯发芽太长影响播种时,要把长芽掰掉,而后在散射光下贮藏。但去掉1次芽会减产6%,去掉2次芽减产达7%～17%。所以,种薯要低温贮藏,不可早发芽。通常,贮藏在低温散射光下的种薯比贮藏在较高温度黑暗条件下的种薯会产生更健壮的植株。

(3)加工薯的贮藏要求　不论淀粉、全粉或炸片、炸条加工用的马铃薯,都不宜在太低温度下贮藏。因为,在贮藏期间淀粉和糖会互相转化,2℃～4℃贮藏时,虽然马铃薯不易发芽,但是,淀粉会转化为糖,造成薯块中的糖积累,薯块有甜味,对加工产品不利。尤其是还原糖高于0.4%的块茎,炸片、炸条均出现褐色,影响产品质量和销售价格。因此,加工用马铃薯的贮藏温度是:炸条不低于5℃～7℃,炸片不低于7℃～9℃。高温贮藏一般用于短期贮藏。但是,为防止发芽,仍需低温贮藏,加工前2～3周把加工用的块茎放在15℃～20℃下回暖处理,还原糖仍可逆转为淀粉,可减轻对品质的影响。

2. 贮藏的适宜环境条件　贮藏库内的环境条件直接影响块茎在贮藏期间的生理生化变化,对马铃薯的安全贮藏至关重要。马铃薯块茎由于含有较多的水分,在贮藏期间要求一定的温度、湿度和空气条件,如果这些条件不能满足,在贮藏期间调节不当,就极易遭受病菌的侵染而腐烂,损耗率也增加,从而引起马铃薯的生理状态与化学成分的不良变化。

(1)温度　贮藏温度是块茎贮藏寿命的主要因素之一,在很大程度上决定马铃薯的贮藏时间和贮藏质量,它不仅影响马铃薯休眠期的长短,而且还影响芽的生长速度。马铃薯贮藏期间的温度调节最为关键。环境温度过低,块茎会受冻;环境温度过高会使薯堆伤热,导致烂薯。一般情况下,当环境温度在-1℃～-3℃时,9个小时块茎就冻硬;-5℃时2个小时块茎就受冻,4小时则全部冻透。长期在0℃左右环境中贮藏块茎,芽的生长和萌发会受到抑制,生命力减弱。同时容易感染低温真菌病害,如薯皮斑点病等,导致损失,还原糖含量也升高,影响加工品质。高温下贮藏,块茎打破休眠的时间较短,通过休眠后的马铃薯发芽多,芽生长速度快,整个块茎组织会失水变软,容易引起烂薯。受到机械损伤时,块茎只有在较高的温度下才能使伤口迅速愈合,并形成木栓组织。温度在2.5℃时,需要8天;10℃～15℃时,需要2～3天;21℃～25℃时,则第二天就会形成木栓组织。因此,为了使块茎伤口在贮藏期间迅速愈合,必须把它放置在较高的适宜温度下。

根据块茎在贮藏期间的生理生化变化,不同用途的块茎对贮藏温度有不同的要求。种薯贮藏要求较低的温度,最适宜的贮藏温度是1℃～3℃;商品薯4℃～5℃;加工用的原料薯为了防止发酵黑心和保证最少的损耗,短期贮藏以10℃～15℃为宜,长期贮藏以7℃～8℃为宜。

(2)湿度　环境湿度是影响马铃薯贮藏的又一重要因素。随着贮藏窖内的温度高低和通风条件好坏的变化,窖内的湿度也会发生不同的变化。保持贮藏环境内的适宜湿度,有利于减少块茎失水损耗以及保持块茎有一定的新鲜度。但是库(窖)内过于潮湿,会导致薯堆上层的块茎潮湿甚至凝结小水滴,也就是马铃薯块茎的“出汗”现象,从而促使块茎在贮藏中后期发芽并长出须根,降低食用薯、加工用原料薯和种薯的商用品质、加工品质和种用品质。此外,湿度过大,还会为一些病原菌和腐生菌的侵染创造条件,导致发病和腐烂。相反,如果贮藏环境过于干燥,虽可减少腐烂,但马铃薯块茎蒸发增加,极易导致薯块失水皱缩,同样降低块茎的商品性和种用性。因此,当贮藏温度在1℃～3℃时,无论是商品薯还是种薯,最适宜的贮藏湿度应为空气相对湿度的 85%～90%。马铃薯贮藏湿度变化的安全范围为 80%～93%。

(3)光　商品薯贮藏应避免见光,直射日光和散射光都能使马铃薯块茎表皮变绿,使有毒物质龙葵素含量增加,降低食用品质。因而,作为食用商品薯,应在黑暗无光条件下贮藏。在窖内设置长期照明的电灯灯光也同样会造成表皮变绿,降低食用品质。因而,要设法在贮藏管理上减少电灯的照射。但种薯在贮藏期间可以见光,因为块茎在光的作用下表皮变绿有抑制病菌侵染的作用,避免烂薯,也可抑制幼芽的徒长从而形成短壮芽,有利于产量的提高。

(4)气体　块茎在贮藏期间要进行呼吸,吸收氧气,放出二氧化碳和水分,在通气良好的情况下,空气对流,不会引起缺氧和二氧化碳的积累。贮藏窖内如果通气不良,会引起二氧化碳积累,从而引起块茎缺氧呼吸,这不仅使养分损耗增多,而且还会因组织窒息而产生黑心。种薯如果长期贮存在二氧化碳过多的库内,会影响活力,造成田间缺苗和产量下降。因此,马铃薯块茎在贮藏窖内,必须保证有流通的清洁空气,保证块茎有足够的氧气进行呼吸,同时排除多余的二氧化碳。

(5)通风　马铃薯块茎在贮藏期间的通风,是度过安全贮藏期所要求的重要条件。通风利于使库房空气循环流动,并除去热、水、二氧化碳气,调节贮藏窖内的温度和湿度,输入清洁和新鲜的空气,保证足够的氧气,以使马铃薯块茎正常的进行呼吸。

通风可分为自然通风和强制通风。北方采用土棚窖贮藏块茎时,多用窖门来进行通风换气。当块茎大量入窖以后,要长期开放窖门,使窖内空气流通,以促使块茎的后熟和表皮木栓化。一般永久式贮藏窖,多设进气孔和出气孔,以调节空气的流通。出气孔与进气孔设置的位置与高度必须合理,否则由于设置不当,会使马铃薯块茎在冬季贮藏过程中遭受冻害。为了降低贮藏窖内的温度和控制适当的干燥,可在温度较低的白天与黑夜进行换气。

3. 薯块贮藏方法 我国地域辽阔,各地气候条件不同,马铃薯的播种与收获季节不一样,因而在马铃薯收获后的贮藏方式上也是多种多样的。属于室内贮藏形式的有堆藏、架藏、库藏、箱藏和缸藏等,属于室外贮藏形式的有堆藏、沟藏和窖藏等。目前,在北方地区,马铃薯主要采取地下或半地下式窖藏。依据各地的地势、土质、地下水位及建筑材料取材难易和经济状况等,建造棚窖、井窖、窑洞式窖以及砖石结构贮藏式的拱窖。部分地区的种植者还采用土埋、沟藏、室内稻草覆盖和冷库贮藏。在南方地区,马铃薯主要采用堆贮、地窖贮藏、防空洞贮藏、室内通风贮藏、架藏和冷库贮藏。在西南地区,海拔的高度决定贮藏方式,高海拔地区一般采用地下室或地窖贮藏,半高海拔地区由于气候条件与南方地区相似,所以贮藏方式也相同。由于各地贮藏的时期、数量、目的以及气候条件等不同,各地因地制宜地采取了不同的贮藏方式。下面简单介绍几种主要的贮藏方式。

(1)沟藏 随着夏播留种技术的推广和应用,土沟埋藏窖在土壤坚实度不强的黑龙江地区,已经广泛采用。7月中旬收获马铃薯,收获后预贮在阴棚或空屋内,直到10月份下沟贮藏。沟深一般1~1.2米,宽1~1.5米,沟长不限、依贮藏量而定。薯块厚度40~50厘米。寒冷地区厚度可达70~80厘米,上面覆土保温,要随气温下降分次覆盖。沟内薯堆不能过厚,否则沟底及中部温度易偏高,薯块受热会引起腐烂。由于这种贮藏方式为密闭式的,没有窖口,要在薯堆中设测温管,上部一端露于土外,便于随时观测温度。测温管多用竹管或木制小方筒做成,种薯下窖的高度占沟深的2/3,留下1/3空隙用以使窖内空气的流通。

(2)窖藏 我国西北地区土质黏且坚实,多用井窖或窑窖贮藏。

①井窖 选择地势高燥,地下水位低而排水良好的地方,向下挖直筒式坑,井口直径为0.7米,井口下部为1米,深度为3～4米,筒的两侧墙壁上每隔一定距离挖出一个能插进脚深的小洞,作为出入的阶梯。然后在洞底横向挖成窑洞,窑洞的高度为1.8～2米,宽为0.7～1米,其长度可根据贮藏量而定,一般为3～4米,洞顶为拱式半圆形,窖底向下呈坡形,坡度为1米长,向下斜10厘米。这种井窖适于贮藏供夏、秋播的种薯用。

②窑洞窖 多在土壤坚硬的山坡或土丘旁开门向内挖建,将山丘挖成窑洞状,窑洞高度2.5～3米,顶部挖成拱式半圆形,长度按所需贮藏量而定,一般多为8～10米,宽度一般为5米。这种窑洞式贮藏窖多用砖砌门,一般砌成两道门,通风换气靠打开门扇进行。

用井窖或窑窖贮藏马铃薯,每窖可贮3 000～3 500千克,由于只利用窖口通风调节温度,所以冬季保温效果较好。但入窖初期不易降温,因而马铃薯不能装得太满,一般装到窖内容积的1/2为宜,最多不超过2/3,并注意窖口的开闭。只要管理得当,使窖内温度经常保持在2℃～4℃,空气相对湿度保持在85%～90%就能使薯块不发生冻害,薯块也不生芽,达到很好的贮藏效果。

③棚窖 在辽宁省北部、吉林省、黑龙江省等地应用较多。多选择地势高燥,背风向阳,地下水位低而土质坚实的地

方挖窖,窖深 3 米,窖宽 2～3 米,长度按所需贮藏量而定。窖坑上架以窖木,在窖木上铺上高粱秸或玉米秸,再覆上 45～50 厘米厚的窖土,窖顶棚处留窖口 1 个,窖口大小一般为 70×70 厘米,既是作业的出入口,也是通风换气调节温、湿度的气眼。使用棚窖贮藏时,窖顶覆盖层要增厚,窖深也要增加,以免冻害。窖内薯堆高度不超过 1.5 米,否则入窖初期易受热引起薯块萌芽及腐烂。易发芽品种,堆高应低些。

窖藏马铃薯在收获、搬运和入窖等工作中,应尽量注意避免损伤薯皮。入窖前,要堆晒薯块,剔除病薯、虫薯、烂薯和损伤重的薯块,防止入窖后发病。还要事先用来苏儿水喷窖进行消毒灭菌,并晾窖 7～8 天,降低窖内温度。装薯前 1 周打扫地窖,敞开窖盖,晒窖和散发窖内湿气。马铃薯装窖时,不能装满。马铃薯入窖后,敞开窖盖进行通风,遇雨天或寒潮袭击,可临时关闭窖盖,防止雨淋或受冻。稍有伤痕的马铃薯入窖后,经过 20 天左右的通风保管,伤口可以愈合。入冬后,关闭窖盖进行密闭保管。高寒地区特别寒冷时还应在窖盖上铺草保温。马铃薯长期保管的最好温度是 3℃。窖内温度为 4℃时可封窖,封窖后要定期下窖检查,如发现窖温低于 2℃时应增加保温措施,窖温高于 4℃时可在白天打开窖盖短时间通风。春暖之后采用密闭与通风相结合的保管方法,白天窖盖打开散热散气,夜晚关闭窖盖以防寒气袭入。进入夏季以后,白天将窖盖关闭,夜晚打开通风。另外还须对贮藏块茎经常进行检查。

窖藏马铃薯容易在薯块表面"出汗"(凝结水),为此可在严寒冬季于薯堆表面铺放草苫,以转移出汗层,防止萌芽腐烂。马铃薯入窖后一般不用翻动,但在东北南部因窖沿较高,贮藏期较长,可酌情翻动 1～2 次,剔除腐烂薯块以防蔓延。

(3)通风库贮藏 是温、寒地区在冬季采用的贮藏方法。

贮藏间一般应设计有人工木条的地板,以利于空气循环。贮藏库为一个有顶和墙的简单建筑,并有通气孔。顶和墙必须因地制宜。为防止较大的昼夜温差,通气孔在白天关闭而在夜间开启,通过热空气上升、冷空气下沉引起空气对流实现自然通风。在自然通风条件下,马铃薯堆的温度与外界平均昼夜温度大致相同。马铃薯贮藏前仓库要先清理、消毒,通风换气,使库内湿气排除、温度下降。对要入库的马铃薯先晾晒,使其在库外度过后熟期,然后入库。马铃薯可堆藏,也可用编织袋或木条箱贮藏,包装袋最好选用网眼袋,利于通气散热。薯堆高度一般不超过 1.5 米,堆内也要设置通风筒。并要用木杠将袋子与地面隔开,利于地热及土地湿气的散失。也可装筐码垛存放,便于管理及提高库容量。但是不管使用哪一种贮藏方式,薯堆的周围都要留有一定空隙,以利通风散热。

温带地区冬季贮藏也采用强制通风自然温度贮藏法。一般是在隔离良好的建筑中,当室外空气的温度低于马铃薯的温度时,流入建筑中并被强制通过薯堆。在这种情况下,薯堆是通过通风散热的,因此整个贮藏过程中的空气流通应当保持一致,以便使所有贮藏的薯块都有相同速率的空气流通。可根据具体需要,设计贮藏库地板的通风孔。采用这种方法,贮藏的薯堆高度不超过 4 米。马铃薯入库后立即通入冷风,使块茎强制冷却。通风开始前块茎先风干一下,使个别损伤块茎在温度 15℃～20℃、空气相对湿度 85%～95% 的条件下愈合(7～14 天),然后让马铃薯在温度 1℃～2℃、相对湿度90%～95%条件下贮存。

最佳贮藏条件设计及许多制冷系统的使用,是现代贮存过程中主要使用的方法。通过多种措施的综合利用,可以使马铃薯保质期达到 10～11 个月,并保持新鲜的质量。目前,条件允许的地区也采用集装箱贮存法。具体操作方法是:马铃薯收获后稍干,挑出伤、病块茎,在田地里装入 300～500 千克的网底集装箱,然后自动卸入贮藏仓库,通过筛网状底向箱内通风。

(4)冷藏 当马铃薯必须长时间贮藏而外界温度不能满足自然通风和强制通风所需的低温时,必须采用冷藏。冷藏温度一般为 4℃左右。冷藏前几周薯块应在 15℃进行预处理,在这种情况下,块茎的呼吸作用减弱。在冷藏库中,应用封闭的通风管道和系统,空气通过冷却管能重复利用。外界新鲜空气只是不断地送入以供应充足的氧气。贮藏库内所有多余的热量必须通过冷风机除去,这些热量的来源包括进入贮藏库的马铃薯热、呼吸热、从墙和屋顶及地板进入的外界热、风扇产生的热和空气更新带来的热量等等。度过休眠期的马铃薯转入冷库中贮藏,可以很好地控制发芽和失水,在冷库中可以进行堆藏,也可以装箱码垛。将温度控制在 3℃～5℃,相对湿度保持在 85%～90%。

(5)简易贮藏法 对于短期贮藏、少量的马铃薯可以采用简易贮藏方法。

①草木灰贮藏法 选择无破损的马铃薯放在干燥的木板上,然后用草木灰均匀覆盖,厚度以看不见薯块为宜。贮藏期间不要任意翻动,可保鲜 5～6 个月。

②苹果贮藏法 将收获的马铃薯放在阴凉处晾晒,待薯皮充分老化,愈伤组织完全形成后,剔除伤病薯,然后放入纸箱里,同时放进 3～4 只未成熟的苹果。由于苹果在贮藏期间能散发乙烯气体而使马铃薯保持新鲜。

4. 薯块的贮藏管理 科学的贮藏管理是马铃薯安全贮藏的保证。贮藏期间的管理工作主要是通过调节和控制库内的温度和湿度、通风换气以及贮藏病害的防治,使马铃薯块茎的贮藏损失降低到最低限度。并根据食用、加工和种用的需要,使各类专用型马铃薯保持最适形态和生理状态,保证贮藏的马铃薯块茎具有不同用途要求的优良品质。

(1)分类贮藏法 不同用途的马铃薯对贮藏条件的要求不同,因而应根据需要对商品食用薯、种薯和加工薯采取不同的贮藏环境条件,分别、分类贮藏。

(2)严格选薯 应选择耐贮藏的品种,使用优质种薯,利用田间管理措施促使马铃薯提前成熟,选择质量好、没有损伤、早收和成熟的薯块贮藏。入窖前严格剔除病、伤和虫咬的块茎,防止入窖后发病。

(3)贮藏窖消毒与检查 马铃薯产区的贮藏窖,应用多年,烂薯、病菌常会残留在窖内,新的薯块入窖初期往往温度高、湿度大,堆放中一旦把病菌带到薯块上就会发病、腐烂,甚至造成烂窖。所以新薯入窖前应把窖打扫干净,并用来苏儿水、石炭酸等喷窖消毒灭菌,而后贮存。贮藏过程中,一般每隔15天左右进行一次薯窖检查,主要包括窖内温、湿度及是否有烂薯。如有烂薯应及时倒窖,把薯块全部搬出,挑出烂块,并将块茎表皮晾干。

(4)温度、湿度控制 贮藏期间温、湿度的控制,应根据整个贮藏期间的气候变化和薯堆的具体情况进行科学的管理。入窖初期,窖温高、湿度大,这是正常现象,但一般不会超过20℃,20天后窖温下降。长期贮存温度2℃～4℃,空气相对湿度85%～90%,可使块茎不发芽、不抽缩并保持新鲜。夏季最好地下室贮藏。贮藏后期,气温升高,这时应防止外界热空气进入库房,温度升高会导致块茎发芽,降低食用和加工的品质。环境湿度是影响贮藏质量的重要因素。应按照马铃薯在贮藏期间的最适空气相对湿度85％～90％的指标，进行贮藏库内合理而有效的湿度调节。否则，过于干燥，块茎会失水皱缩；过于潮湿，会导致烂薯。因此，贮藏适宜的空气湿度是：薯堆表面既无"出汗"现象，又能保持薯皮新鲜。如果发生"出汗"现象，说明环境潮湿，应及时倒堆，通风散湿。如果薯块皱缩，应设法增大空气湿度，但不能直接向薯块上喷水。在利用自然温度、自然通风或强制通风的贮藏库内，可通过库门、气眼换气的方法来进行湿度调节和控制，也可应用覆盖散湿的方法减湿。具体做法是：块茎入库后，库温降低时在薯堆顶部覆盖一层干草或麻袋片等，缓和上下冷热空气的结合，吸收马铃薯堆内放出的潮气，散发水分，可防止上层块茎霉烂，同时又可以防冻。

(5)控制光照　应尽量避免见光，否则会使薯皮变绿而降低商品性和食用价值。对于种薯，则应经常接受散射光的照射，以减少发病。此外，在种薯发芽后更要对其增加光照，可避免幼芽生长细弱，使其长得粗壮。对萌芽过早的块茎，要通过见光来抑制芽的生长。

(6)通风换气　在贮藏初期，刚入库的薯块温度较高、湿度大，薯皮蒸发水汽量大，引起薯堆内水汽量高，利用通风换气设施及空气对流将库内过多的水汽带走，使贮藏库内马铃薯的温度和湿度不断降低，直至达到平衡。在贮藏过程中，马铃薯呼出的二氧化碳必须通过通风换气设备及时排出，使新鲜空气进入薯堆，以保持块茎的正常生理活动。贮藏库内二氧化碳过多，不仅影响薯块的贮藏品质，引起黑心和降低种薯的发芽率，而且对人员进库检查也不安全。

第七章　马铃薯种植效益分析和市场营销策略

一、马铃薯种植效益分析

种植效益分析是马铃薯市场营销中非常重要的内容。对当年(季)的效益分析,不仅可以准确地掌握当年(当季)的成效,而且可以作为下一年(季)种植决策的重要参考;对下一年(季)预测性的效益分析,则是进行种植决策和经营决策的重要依据,也是种植计划的重要组成部分。

在实际生产中,许多种植者对种植效益分析是很模糊的,尤其对于一家一户小规模种植者,对种植效益的认识还停留在"种了多少地,卖了多少钱"这么一个粗浅的印象或估计上,这对于经营是远远不够的。正是因为效益分析是种植决策的重要依据,因此在进行分析时,要尽量考虑到构成效益和影响效益的每个因素和环节,提高分析的准确性,既要避免由于盲目乐观的效益分析使决策失误,给种植经营带来不良的影响,又要避免过于保守的效益分析,束缚了种植决策和经营决策的制定。

(一)马铃薯种植效益构成因素

对于种植业而言,进行精准的效益分析是很困难的,但是只要种植者在经营中注意积累数据,还是可以通过客观、全面地估算,比较准确地进行效益分析的。进行马铃薯效益分析,首先应当了解马铃薯效益的构成因素,和各因素之间的相互关系。

马铃薯种植效益由马铃薯产量、市售价格、成本、费用和损耗等五个因素构成。各因素间的关系可以简单地用以下的关系式表示:

马铃薯效益=(马铃薯总产量-损耗)×马铃薯售价-成本-费用

这是种植总体效益的关系式,总的效益除以种植面积就可以估算出单位面积的效益。

进行效益分析不可忽视的另一个因素是投入产出比。投入产出比的关系式是:

投入产出比=马铃薯效益/成本

(二)马铃薯种植效益构成因素的估算

1. 种植产量的估算　种植产量对于种植者而言是比较关心和容易估算的因素,估算时应当注意不仅估算在市场上销售部分的产量,还要把没有销售的部分考虑进来,比如自己食用的部分、留作种用的部分、机械损伤的部分等等。

2. 产品价格的估算　产品价格的估算是比较容易出现误差的估算因素,因为市场不断变化,销售价格总是在随着销路、销售季节和销售时机的不同而上下浮动。另一方面,生产出的马铃薯块茎商品档次不同,价格也不同。因此,在价格估算时,要根据自己生产销售的情况,估算出一个尽量准确的平均价格。

3. 成本的构成和核算　马铃薯种植中主要的成本包括种薯投入、化肥农药的投入、土地的投入、水电的投入和人工的投入,成本核算时只要能全面地考虑这几方面的投入,是比较容易准确估算的。在马铃薯大规模生产中，需要大型机械设备的投入，在进行成本核算时，应该根据成本核算的原理，适当估算机械设备的折旧。

4. 费用的估算 这里的费用是指在马铃薯经营活动中发生的一些费用，如运输费用、包装费用、贷款利息等，为了简便，这些费用也可折入成本计算。

5. 损耗的估算 马铃薯贮藏过程中都会发生损耗，在效益分析时要考虑到损耗的存在，尤其在经营过程中经过长期贮存，就更不能忽略损耗对效益的影响。计算损耗首先要估算出损耗率，损耗率要通过一定重量的合格的产品，在贮藏前后重量的差与贮藏前重量的比值计算而获得，然后用贮藏的总量乘以损耗率就可以估算出损耗。

（三）马铃薯种植效益分析

从马铃薯效益的关系式中可以看出，构成马铃薯效益的主体因素是种植产量和马铃薯的市场售价，也就是说，要想获得较高的种植效益，一方面决定于种植产量，另一方面在于市场销售情况。而市场销售情况的好坏，除取决于市场行情外，也因为马铃薯商品性状的好坏而有所变化。构成马铃薯种植效益的还有成本、费用和损耗三方面的因素，这三个因素对效益的影响如果仅从关系式的表面看是负面的影响，成本、费用、损耗的增加，必然导致效益的降低。但在生产实践中，成本投入对效益的影响往往并不是简单的反比或正比关系，这就需要在效益分析时关注另一个重要因素的分析，即投入产出比的分析。

投入产出比能够反映出成本投入的合理与否。投入产出比高，说明种植者利用较少的投入获得了较高的效益，投入合理;投入产出比低,说明种植过程中的投入不合理,高水平的投入没有产生高水平的效益。因此,通过投入产出比的分析,可以指导种植者合理地优化配置投入,包括种薯投入、化肥农药的投入、土地的投入、水电的投入和人工的投入等。

应当强调的是,合理投入并不是一味地降低投入。成本的投入是保障产量、保障质量并最终保障效益的基础,过低的成本投入会影响效益的提高。比如在种薯的投入方面,有的种植者为了降低成本,减少投入,选用价格便宜、质量不过关的种薯,结果造成大幅减产,商品率降低,投入产出比极低,说明投入很不合理。相反,选用质量有保障、价格较高的种薯,虽然投入增加,但是效益也成倍增加,得到了很高的投入产出比,也就是说,获得了较高的效益回报。从另一方面讲,合理投入也并不是一味盲目地增加投入就可以获得高效益回报,马铃薯增产潜力是因品种和种植环境不同而不同的,产量的潜力是有限的,在种植管理上盲目地增加投入并不一定能获得高的效益回报。

二、马铃薯市场营销策略

马铃薯营养丰富,用途广泛,产业化链条长,市场前景广阔,目前已经成为高效益型的经济作物,各区域栽培面积逐年扩大。我国是马铃薯种植第一大国,国内消费市场大致可分为三部分,即食用鲜薯市场、种薯市场和加工原料薯市场。同时鲜薯出口、种薯出口、马铃薯冷冻食品和深加工产品的出口市场也逐步开发并扩大。巨大的市场开发潜力拉动着马铃薯产业各个环节的发展,也势必推动马铃薯种植业的发展。因此,对于种植者而言,通过种植马铃薯获得效益的前景也十分广阔。

但是,种植效益最终是要通过市场营销来实现的。"种的好不如卖的好",一个"卖"字体现了市场营销在实现种植效益的过程中的重要性。因此,种植者应当在"种的好"的同时,注重营销策略,最终在市场上"卖的好",从而获得最佳效益。

(一)马铃薯市场营销中存在的问题

马铃薯区别于其他蔬菜作物,市场需求面多,应用范围广,鲜薯既要满足国内市场菜用,又有很大的出口市场开发空间;加工原料薯既要满足淀粉、全粉的加工需要,在炸条、炸片等快餐方面的需求也逐年增加;种薯更是要满足全国近 500万公顷的种植需要。面对马铃薯如此广泛的市场需求,马铃薯种植者应当加强对市场的了解,注重对市场营销策略的把握,同时用营销的理念进行计划种植,只有这样,才能更好地提高种植效益。对种植者而言,在马铃薯市场营销方面存在两方面的问题。

1. 没有合理的应用营销的理念进行计划种植 在种植目的、种植模式、管理措施等方面缺乏计划性,也缺乏必要的风险意识。比如在没有市场调查的基础上,盲目种植不适销对路的品种,虽然种植产量高,但种植效益低;没有根据种植目的选择生产环境,导致产品不合格,产品销售困难;没有采用一定的生产模式,导致上市时机不当,价格低;没有经过试种,大量引种新品种;盲目扩大生产规模等。

2. 没有适应现代营销发展的需要,采取相应的营销策略 目前,马铃薯的营销很大程度上还没有摆脱小农经济保守的经营理念,缺乏大规模的、有特色的生产基地,缺乏品牌意识,缺乏营销理念和营销手段。小规模的生产模式,吸引不来大的收购商,给市场营销带来困难,致使产品价位上不去,有些本可以高价位出售的产品,也只能混同于一般品种,甚至以低于一般品种的价位出售,无形中影响了效益。

(二)马铃薯的市场营销策略

1. 关注并适应市场的变化,建立以市场为导向的经营理念,以经营的理念计划种植 马铃薯市场的巨大需求范围和需求空间,要求种植者要改变传统的先想到种,后想到卖的观念,在种植前,就要通过各种途径了解关注市场需求和市场的变化趋向,建立以市场为导向的经营理念,并以经营的理念合理地计划种植。

(1)计划种植目的 根据市场的需求,结合当地马铃薯种植的适应情况,首先应当合理地确定生产的目的。北方一季作区,适合鲜薯、加工原料薯和种薯的生产,因此种植者可根据自己掌握的市场需求情况选择生产目的;中原二季作区和南方二季作区大部分地区只适合鲜薯生产,由于收获季节正值马铃薯供应淡季,因此鲜薯市场看好。中原二季作区就地留种技术成熟后,商品薯的生产结合种薯繁育的生产形式也普遍存在并能获得很好的效益。

(2)计划种植品种 确定生产目的以后,应根据生产目的和市场的需求,以及各地的适应情况,选择确定效益较高的品种。值得庆幸的是,建国以来,我们国家对马铃薯育种非常重视,经过各区域多年的联合攻关,目前已育成并引进了大量的不同类型的品种供种植者选种。鲜薯的生产对马铃薯的品质没有严格的趋向性的要求,但薯块的外观却会影响到价格,尤其是鲜薯出口市场,对薯块的皮色、肉色都有偏好,一般大薯块,表皮光滑,芽眼浅,红皮黄肉或黄皮黄肉的马铃薯在市场上颇受欢迎，因此种植者在选择品种时应当注意到品种的这些性状；加工原料薯的生产更多的是对马铃薯品质有趋向性的要求，如淀粉的含量、淀粉的种类、还原糖的含量以及耐贮性等方面；种薯的品种选择则更多的依赖于市场的需求。

（3）计划种植模式 种植模式的选择对种植效益的影响越来越大，传统的露地栽培模式已经不能适应日益丰富的市场需求，也已不能满足种植者对高效益的追求。鲜薯的生产模式多是为了早熟并提早上市，以获得高价位出售带来的效益，目前主要的形式是普遍推广的地膜覆盖，和目前在中原二季作区正在兴起的拱棚加地膜的早熟栽培形式。加工品种由于对品质要求比较高，越来越提倡规模化、机械化、标准化的生产模式，越来越多的大型喷灌设施用于加工专用品种的生产。在种薯生产方面，各地区的繁育体系对生产模式提出了不同的要求，中原二季作区春季早熟栽培生产商品薯，结合秋季繁育种薯的模式给许多马铃薯种植者带来了可观而稳定的种植效益。同时，各区域因地制宜发展起来的间作套种的模式，也被大面积推广应用并在提高种植效益方面发挥着作用。

（4）进行必要的风险预测 市场营销总是有风险存在的，这是不能回避的现实。种植者应当根据市场发展趋势，合理地预测风险，采取一定措施规避风险。在马铃薯生产经营中常见的有两种风险：一种是盲目扩大生产规模的风险。这是其他蔬菜作物同样存在的一种风险，因为市场的一时看好，引来大量的种植者跟风，种植面积迅速扩大，生产量远远超出市场需求量，致使产品价格急剧下降，甚至出现零效益或者负效益，严重影响种植者的积极性。因此，对市场应该进行冷静的预测和分析，避免一哄而上盲目种植。另一种是盲目大量引种。马铃薯是区域适应性非常强的作物，新品种的引进一定要建立在少量引种试验及摸索配套栽培措施的基础上，不能为了追求某个品种的高效益空间而不顾地域的限制，盲目大面积引种，一旦失败，就会给种植者带来非常严重的损失。例如中原二季作区常常出现因大量引进加工型中晚熟品种而种植失败的事例。

2. 适应现代营销发展的需要，采取相应的营销策略

（1）发展区域性的规模化生产基地　马铃薯的种植区域性非常明显，各区域逐步形成了不同风格的生产形式，以满足马铃薯国内、国际市场不同时期的需求，传统的一家一户的小农生产模式已经满足不了马铃薯日益发展的大市场大流通的局面，因此种植者应当逐步改变传统保守的观念，逐步适应规模化、标准化、无公害、绿色食品的生产要求，逐步发展有特色的规模化生产基地，提升产品的档次，保障效益的稳定和提高。

（2）充分发挥民间组织的作用，培育造就一支开拓国内外市场的经纪人队伍　种植者应当积极参加目前政府提倡并逐步发展起来的民间专业协会组织，如马铃薯生产协会，或马铃薯生产合作社等民间组织，实现信息共享、技术共享、资源共享，在技术方面与科研机构协作，在经营方面，培养自己的马铃薯经纪人和营销队伍。经纪人是现代市场营销中市场开拓的主体要素，培育造就一支开拓国内外市场的经纪人队伍，提高其组织化程度，就能推动马铃薯市场营销的发展。这样，一方面可以通过协会让农民组织起来进入市场，解决一家一户生产经营活动的信息不对称，进入市场难，风险大，产品运销环节多、成本高，从而导致农民增产不增收的问题；另一方面，培育农民经纪人队伍和代理商、中间批发商组织，扩大营销规模，提高交易效率。

（3）逐步实行品牌化营销　农产品品牌的创建越来越受到重视,在马铃薯的经营中已经有不少企业和乡镇创出了自己的品牌,并在市场上享有了一定声誉。品牌化营销首先要以质创牌,在生产上严格实行规模化、标准化的生产,以保障产品质量的稳定;其次要注重包装创牌,根据马铃薯的不同市场的情况,选择实用、方便、美观和具有品牌特征的包装,实现一流的产品,一流的包装,一流的价格;再次要加大品牌宣传力度,树立良好的品牌形象,扩大品牌知名度,提高市场占有率。同时要做好名牌保护工作。

（4）建立营销网络,实行营销多元化　现代营销手段多种多样,马铃薯的营销应当尝试多元化的营销模式,除了逐步建立有形的市场网络以外,可以积极推行网上营销,实施电子商务,大力发展订单销售、配送销售,同时,还可以通过展销会、展示会等扩大宣传,积极寻找目标客户和目标市场。

（5）加强对马铃薯国际市场的研究和开拓　我国作为马铃薯生产第一大国,国际市场的开拓势在必行。因此,只有加强对马铃薯国际市场的研究,积极开拓马铃薯直接出口和间接出口渠道,才有可能在国际市场占有广阔的空间。

总之,市场营销的理念推动了马铃薯种植理念的改变,同时也推动了马铃薯种植业的快速发展;同样,马铃薯产业的发展又给市场营销提出了新的要求和新的挑战。加强对马铃薯市场营销的深入研究,是提高马铃薯种植效益不可缺少的手段。

参考文献

1. 黑龙江农科院马铃薯研究所主编. 中国马铃薯栽培学. 北京:中国农业出版社,1994

2. 靳福. 马铃薯脱毒繁育与二季栽培技术. 郑州:中原农民出版社,2001

3. 门福义,刘梦云. 马铃薯栽培生理. 北京:中国农业出版社,1995

4. 金黎平. 马铃薯优良品种及丰产栽培技术. 北京:中国劳动社会保障出版社,2002

5. 国际马铃薯中心. 马铃薯主要病虫害及线虫. 北京:中国农业科技出版社

6. 陈伊里,屈冬玉. 中国马铃薯研究与产业开发. 哈尔滨:工程大学出版社,2003

7. 陈伊里,屈冬玉. 马铃薯产业与东北振兴. 哈尔滨:工程大学出版社,2005